U0359375

葫芦文化丛书

葫芦岛卷

总主编/扈鲁
本卷主编/王国林

中華書局

图书在版编目（CIP）数据

葫芦文化丛书．葫芦岛卷 / 扈鲁总主编 ；王国林本卷主编．-- 北京 ：中华书局，2018.7
ISBN 978-7-101-13310-3

Ⅰ．①葫… Ⅱ．①扈… ②王… Ⅲ．①葫芦科－文化研究－中国②葫芦科－文化研究－葫芦岛市 Ⅳ．①S642

中国版本图书馆CIP数据核字(2018)第130565号

书　　名　葫芦文化丛书（全九册）
总 主 编　扈　鲁
本卷主编　王国林
责任编辑　刘　楠
装帧设计　杨　曦
制　　版　北京禾风雅艺图文设计有限公司
出版发行　中华书局
（北京市丰台区太平桥西里38号 100073）
http://www.zhbc.com.cn
E-mail:zhbc@zhbc.com.cn
印　　刷　艺堂印刷（天津）有限公司
版　　次　2018年7月北京第1版
2018年7月北京第1次印刷
规　　格　开本787×1092毫米　1/16
总印张155.5　总字数1570千字
国际书号　ISBN 978-7-101-13310-3
总 定 价　960.00元

《葫芦文化丛书》编委会

顾　　　问：刘德龙　张从军　傅永聚　叶　涛

总　主　编：扈　鲁

编委会主任：扈　鲁

编委会成员（按姓氏笔画为序）：

马　力　王　涛　王怀华　王国林　王京传　王建平
左应华　史兆国　包　颖　巩宝平　成积春　问　墨
苏翠薇　李剑锋　李益东　宋广新　邵仲武　苗红磊
林桂榛　周天红　孟昭连　郝志刚　贾　飞　徐来祥
高尚榘　曹志平

办公室主任：黄振涛

办公室副主任：刘　永　宋振剑

办公室成员：鲁　昕　李　飞　王中华

摄　　　影：董少伟

《葫芦岛卷》编委会

顾　　　问：石文光　冬　梅　王连民　李荣军　赵　洪

主　　　编：王国林

副　主　编：马　力　王京传　郝志刚

编委会主任：王国林

编委会副主任：马　力　王建平　刘雪红

编委会成员（按姓氏笔画为序）：

王　萍　王昊歆　王绍飞　田　丽　刘鸣泽　孙国朋
李佳霖　沈海山　张怀宇　张金红　陈　琪　陈　骥
赵　品　姜　宝　姜　猛　姜根水　徐克安　崔宝芹
崔晓锦

序　一

“葫芦虽小藏天地”，作为一种历史悠久、用途广泛的古老植物，葫芦也是文化内涵丰富的人文瓜果，遍布世界各地，受到各民族人民喜爱，有着漫长的文化旅程。据考古发现，在距今约1万年至9000年的秘鲁、泰国等地人们就开始种植和利用葫芦。我国河姆渡遗址发现了7000多年前的葫芦及种子，另据甲骨文中“壶”字似葫芦状推断，我国先民认识葫芦的时间起点也很早。至“郁郁文哉”的西周时期，《诗经》等典籍中已有大量关于葫芦在饮食、盛物、祭祖、敬老、婚姻、渡河等方面的记载，我国的葫芦文化初具规模。经过数千年历史演变和人文化成，葫芦的实用性与艺术性被广泛开发和应用，涉及农工渔猎商等各行生产和衣食住行婚丧嫁娶的社会生活，以及节日、信仰、娱乐、工艺、语言、故事传说等方面，成为传统文化中的吉祥物和重要的民俗事象，衍生出蔚然可观的葫芦文化。如钟敬文先生所言，葫芦“是中华文化中有丰富内涵的果实，它是一种人文瓜果，而不仅仅是一种自然瓜果”，葫芦文化是“中华民俗文化中具有一定意义的组成部分”。

“风物长宜放眼量”，由我国葫芦写意画专家与收藏名家扈鲁先生主编的九卷本《葫芦文化丛书》，以我国浩如烟海的传世典籍为基础，深入系统地挖掘整理了葫芦在种植、食用、药用、器皿、工艺及相关名称、民俗、传说等方面的历史与文化。其中仅葫芦工艺类的史料，就涵盖葫芦造型、葫芦雕刻、葫芦绘画、葫芦饰品、葫芦乐器等诸多方面，通过文学卷、器物卷、图像卷等等图文，系统地展示了传统葫芦在中国文学、绘画、音乐、工艺美术等方面承载的丰富文化内涵以及历代匠人的高超匏艺。

丛书不仅具有历史的、文化的视野，也深刻关注葫芦文化的传承与发展现实，对云南澜沧县、辽宁葫芦岛、山东东昌府等地的葫芦文化发展做出翔实纪录，结合葫芦大观园、葫芦烙画、葫芦针雕、葫芦民俗旅游村、葫芦宴等不同形式的葫芦文化传承与发展案例，全面分析各地葫芦画室、葫芦艺匠、葫芦研究、葫芦收藏、葫芦精品发展情况，深入探讨葫芦文化融入当代经济与生活的路径，葫芦于小处成为民众饮食起居所需之物，经济财富之源，信仰诉求形式等，大者则被塑造成为当地城市的文化地标、宣传品牌，有的成为社会经济产业的新兴途径、对外交流的文化名片。

这部丛书富有科学精神和人文视野，是葫芦文化研究与普及的一部力作，不仅对葫芦文化的发展历史与现实做出了全面系统的梳理和研究，也对民间文化、民间艺术的个案研究和历史研究做出了深入的探索，富有启示意义。中华文脉历久弥新，需要的正是这样磅礴而专注的努力和实践。

序言如上。不妥之处，敬请各位同仁和读者朋友指正。

潘鲁生

2018 年 3 月 29 日

序 二

伴随着文明社会的发展，葫芦流布于世界各地，演化为人类生产、生活与生命信仰中的亲密朋友，用途广泛、影响久远，葫芦除了是一种自然瓜果外，还是一种人文瓜果。在中国，葫芦文化绵延数千年，是“中华民俗文化中具有一定意义的组成部分”。

在传承久远、洋洋大观的葫芦文化中，本丛书从史料、文学、器物、图像、植物、地域等角度加以梳理，采撷其粹，集结汇编，向世人展现博大精深的中华葫芦文化。谈及这套丛书的编纂，还得从我的经历说起。

我出生于《沂蒙山小调》诞生地葫芦崖脚下，从小生活在浓厚的葫芦文化氛围之中。忆及儿时，家家种葫芦，蜿蜒的藤蔓和悬垂的瓜果随处可见，传说八仙之一铁拐李的宝葫芦即采于此。又因中国古代曾称葫芦为扈鲁，遂以此为笔名，亦寓意扈姓鲁人。葫芦从开花作纽到长大成熟，不断轮回的画面在我脑海里生根发芽，缓缓流淌，生生不息。巧合而幸运的是，高中毕业后，我考取了曲阜师范大学，攻读美术专业，毕业留校工作，由于对葫芦题材花鸟画情有独钟，工作之余投入很多的精力和时间创作写意葫芦画，收藏葫芦，研究葫芦文化，参与国内外的葫芦文化活动。2007 年，创建了葫芦画社；2010 年，建立了葫芦文化博物馆；2013 年，组织成立国际葫芦文化学会；2015 年，启动了“最葫芦·葫芦文化丝路行”工程等等。这些努力赢得了业内前辈专家的认可，著名画家陈玉圃先生十分赞同我“开创‘葫芦画派’”的观点；潘天寿先生的高足、我大学时花鸟画老师杨象宪教授在看过我的写意葫芦画和葫芦收藏后欣慰地说：“从此我不再创作葫芦题材花鸟画，这个题材就交给你了”，并为我题写了“贵在坚持”四个大字，鼓励我坚持自己的葫芦题材创作方向。

为了更好地创作葫芦题材的花鸟画，了解各种葫芦的形态，如长柄葫芦到底有多长，大的葫芦到底有多大等，我开始收藏葫芦，随着葫芦藏品不断丰富，发现葫芦承载着丰厚的文化内涵，对葫芦背后的民俗文化也逐渐了解、熟悉并日渐痴迷。后来，越来越感受到葫芦文化的奥妙无穷，相比之下，自己所做的工作和取得的成绩真是沧海一粟，微不足道。同时，我认识到现实中葫芦文化在人类生产、生活和精神世界中的衰落，也是一个无法回避的重要问题，这促使我深感传承和创新优秀葫芦文化的重要性和紧迫性。为此，我曾许下弘愿，要让葫芦文化在我们这一代振兴而不是衰落，要大放光彩而不是黯然失色。这种想法一直盘桓于胸，久久难以释怀。

幸运的是，我的梦想在一次偶然的与友人相会中忽然变得触手可及。那是在 2015 年的初秋某日，老友叶涛教授（中国社科院研究员、中国民俗学会副会长兼秘书长）前来探访，并参观葫芦文化博物馆、葫芦画社。这次来访距离上次叶教授参观草创时期的葫芦画社已经过去了 8 年，参观过后，叶教授用“无比欣慰”对我 8 年来的成绩给予了充分肯定，并且凭着他敏锐的学术眼光和多年从事民俗文化研究的经验，一针见血地指出：葫芦文化是中华优秀传统文化的重要组成部分，古今学者名家对这一题材都有涉猎，但在全面深入、系统整理方面乏善可陈，建议由我组织编纂一套《葫芦文化丛书》，可为全面系统地研究葫芦文化奠基供料。老友一语点醒梦中人，一番高瞻远瞩的建言令所有钟爱葫芦文化者为之心动，我自然也不例外，所谓“夫子言之，于我心有戚戚焉”。当时，我就表示要做，且要做好此事。尽管如此，在许诺之后，自己的内心除了惊喜、振奋之外，更多的是一种忐忑不安，不禁扪心自问：国内有这么多葫芦研究专家，“我到底行不行？”“为什么是我？为什么不是我？”类似的疑问盘桓脑海良久，但传承与弘扬中华葫芦文化的愿望亦是心头萌生良久之物，一份为弘扬传统葫芦文化而义不容辞之责让我毅然站在新的起跑线上，担起组织编纂《葫芦文化丛书》的大业与重任。决心一下，我开始组织有关人员分头搜集与葫芦有关的资料。当年 12 月份，叶涛教授再次专程来到曲阜，指导丛书编写事宜，经过充分讨论、酝酿，本次会面决定从《研究卷》《史料卷》《文学卷》《器物卷》《图像卷》等几个方面来梳理资料，汇编成册。接着，我开始四处联系专家、学者，并北上京津拜访名士，横跨南北，纵贯多省，十几个城市的几十名专家出于对葫芦文化的热爱和对我的厚爱，开始陆续加入到我们这个团队中来。

2016 年春节期间，热闹喜庆的气氛让我忽然想到，中国有几个地方都举办精彩纷呈的葫芦文化节，是不是再增加一卷《节庆卷》才会让这套书更完整？我顾不得春节休息，马上打电话和叶涛教授沟通汇报，他充分肯定了我的意见，觉得很有必要。但后来，深入思考后觉得由于每个地方特色各异，情况不同，在一卷里难以展现不同地域的全貌，我再次请教叶教授，最后我们决定增加《澜沧卷》《葫芦岛卷》《东昌府卷》地方三卷，以期对这三种具有地域代表性的葫芦节庆和葫芦文化做出全面深入的总结。至此，《葫芦文化丛书》已成八卷之势。这里需要特别说明的是，叶教授从策划、设计到每一卷的确定，甚至具体到章节，都付出了巨大的心血，每每是在百忙之中不辞辛劳地与我反复沟通、协商、指导，可以说，没有叶教授，就没有本套丛书，在此，我必须向叶涛教授表达最诚挚的谢意。

那个寒假，除确定了八卷本编纂任务外，我还联系中华书局，于 2016 年正月十四日赴北京拜访，汇报编纂方案，得到金锋主任、李肇翔先生的充分肯定，并答应由中华书局出版发行丛书。随后，我组织部分青年朋友和专家学者，撰写和论证丛书提纲，制定编纂计划，一个庞大的学术计划若隐若现，在不断的实践中渐渐成形，悠然而启。

在众多学界同仁与友人的鼎力支持下，2016年3月12日，《葫芦文化丛书》编纂工作会议在曲阜师范大学举行。会议召开前夕，在和与会专家聊天时，叶涛、张从军等教授提出，我们这套丛书尽管已经八卷，看似完备，但好像还缺少点什么，葫芦是从哪里来的，它的根在哪里？是不是还应该再从科学的角度对葫芦这个物种进行界定？闻此，我犹如醍醐灌顶，连夜联系到包颖教授，与她商讨此事，于是《植物卷》应运而生。至此，丛书九卷本的整体架构最终定型。

这次编纂工作会议开得非常成功。来自中国社科院、国家博物馆、中华书局、南开大学、山东工艺美术学院、山东建筑大学、曲阜师范大学、云南省社科院、黑龙江省文史馆等高校和科研单位的30余位专家学者，以及云南省澜沧拉祜族自治县，辽宁省葫芦岛市葫芦山庄，山东省聊城市东昌府区、济宁市和曲阜市等地的有关政府部门和社会团体负责人汇聚一堂，围绕丛书编纂工作展开研讨，都表示要力争将其做成“填补国内外葫芦文化研究的空白之作”。会上，确定了丛书编纂体例和各卷编纂成员，并由中华书局出版发行。《葫芦文化丛书》从此进入了正式编纂阶段。

在接下来的时间里，编纂团队全体成员怀着崇高的使命感，为了共同的目标不辞辛苦，竭尽心智，克服时间紧张、任务繁重、头绪杂乱等诸多困难，牺牲大量的休息时间，严格按照进度要求，执行质量标准，加强协作配合，全力推进丛书编纂工作，尤其是南开大学孟昭连教授承担了两卷的编写任务，而且孟教授接手《器物卷》较晚，其困难更是可想而知。各位专家表现出的忘我奉献精神和严谨治学品格令人钦佩。特别值得一提的是，在丛书编纂过程中，我们于2016年7月和10月在中国曲阜文化国际慢城葫芦套民俗村和聊城市东昌府区分别召开了丛书推进和审稿会议，葫芦岛市葫芦山庄将于2018年第九届国际葫芦文化节承办《葫芦文化丛书》发行仪式，有关地方政府、葫芦文化产业等都给予了积极配合和大力支持。同时，山东民俗学会等单位和个人也陆续加入到我们这个大家庭中来，让我看到在中国这片土地上复兴中国优秀传统文化的希望。在葫芦文化的感召下，丛书编纂团队同心协力，共同汇聚成一股强大的精神力量，推动着丛书编纂工作一步步扎实前行，最终如期完成，倍感欣慰。

在丛书即将付梓之际，我百感交集，感激之情无以言表，对丛书编纂过程中给予亲切指导、大力支持的各有关单位和诸位领导、专家、学者与同仁表示诚挚的感谢。感谢山东省文化厅，感谢中共澜沧县委、澜沧县人民政府，感谢中共东昌府区委、东昌府区人民政府，感谢山东省“孔子与山东文化强省战略协同创新中心”，感谢现代生物学国家级虚拟仿真实验教学中心，感谢曲阜文化国际慢城葫芦套民俗村，感谢京杭名家艺术馆杨智栋馆长，感谢辽宁葫芦山庄文化旅游集团有限公司王国林董事长，感谢山东世纪金榜科教文化股份有限公司张泉董事长，感谢聊城义珺轩葫芦博物馆贾飞馆长，感谢曲阜师范大学胡钦晓教授。感谢潘鲁生先生欣然为之作序，让本丛书增色颇多，感谢丛书的顾问刘德龙、张从军、傅永聚、叶涛等诸位先生为丛书规划设计、把关掌舵，感谢中华书局金锋、李肇翔、许旭虹等同仁对丛书出版付出的心血和大力支持，感谢孟昭连、高尚榘等我尊敬的专家教授，感谢我可亲的同事们和全国各地葫芦文化同仁朋友们，感谢我不辞辛劳的学生们和无数共举此盛事的人们，言不尽意，或有遗漏以及编纂不周之处，请诸位见谅，心中感念永存！

我是幸运的，有诸位同道师友与我一起共赴理想，描绘中华葫芦文化的绚丽多姿；我们是幸运的，身处一个伟大的时代，民族复兴的滚滚春潮孕育、催生着一朵朵梦想之花。2013 年 11 月 26 日，习近平总书记视察曲阜并对弘扬中华优秀传统文化发表重要讲话。我作为孔子家乡大学的一名从事葫芦文化研究的学者，倍感振奋、倍受鼓舞，习总书记的讲话为我的研究事业指明了前进方向，提供了根本遵循。也就是自那时起，我更加清醒地认识到肩上的使命，更加系统地思考谋划葫芦文化研究事业，进而形成了“一脉两端”整体研究格局。“一脉”即中华优秀传统文化之脉，“两端”即“向上提升”“向下深挖”；“向上提升”

就是将葫芦文化研究提升到贯彻落实习近平总书记曲阜重要讲话精神，推动中华优秀传统文化传承弘扬，为中华文化繁荣兴盛贡献力量的高度；“向下深挖”就是要扎根“民间”“民俗”“民族”的优秀传统文化，推动葫芦文化通俗化、大众化、时代化。五年后的今天，当初那颗梦想的种子已经生根发芽，吐露着新绿。我坚信，沐浴着新时代的浩荡东风，她必将傲然绽放出更加夺目的光彩！

艺术是文化之脉，文化是艺术之根——这是我从事葫芦文化研究工作的深刻领悟。一名艺术工作者只有将根基深扎在中华文化的沃壤上，其艺术创作才会厚重而不轻浮、坚定而不盲从，才会充溢着炽热而深沉的人文情怀，由内而外生发出撼人心魄的艺术力量。毫无疑问，葫芦文化研究对葫芦题材绘画创作的涵养与提升，其作用正是如此。在长期的民间探访、乡野调查、写生采风和对葫芦文化的发掘整理中，我对葫芦的形与神、意与韵、气与骨，都有了更为深切的体悟。这些慢慢累积的情感，聚于胸中，流诸笔下，使我的艺术创作更加纯粹淡然，无论是水墨的点染还是色彩的铺陈，都是我与心灵的对话，对生命的赞美，对文化的致敬。

葫芦就像一个音符，永远跳跃在我的心头。此前大半生我用尽心力去创作、收藏和研究葫芦，此后之余生亦会毅然决然地投身于葫芦文化事业之中，平生与葫芦结下的一世缘分，愈久愈深，浓不可化。九卷本《葫芦文化丛书》是一个新的起点，我会在传承与创新葫芦文化的漫漫长路上竭我所能，略尽绵薄。

是为序。

扈鲁

2018 年端午节

目 录

前言

渤海明珠葫芦岛，位于辽宁中部城市群和京津唐两大经济区之间，素有“关外第一市，魅力葫芦岛”之称。葫芦岛地名最早见于《全辽志》。因其“在海岸四十里，半山入海”，形状颇似葫芦得名。葫芦岛市北倚燕山余脉，南濒渤海辽东湾，从空中俯瞰，150 余公里长的辽西走廊像一条天然的葫芦蔓横亘全境，而葫芦岛市区则以一个天然的葫芦形半岛斜插入海，由此世人称这块福禄宝地为葫芦岛。地因名传，名因地传，葫芦文化已经成为葫芦岛市独特的形象符号。

自新石器时代葫芦岛地区就开始有人类生活，此后汉族以及山戎、东胡、乌桓、鲜卑、黑水靺鞨、契丹、女真、蒙古、满族等族群在这里居住。西汉初，葫芦岛地区属燕国的领地；汉武帝时，属辽西郡。东汉时葫芦岛地区曾为乌桓占据。明朝立国后，大力加强东北地区边防建设，葫芦岛地区由辽东巡抚统辖，其中的宁远（今兴城市）成为辽西军事重镇。1908 年，清朝东北三省总督徐世昌聘请英国工程师协助考察葫芦岛，决定在葫芦岛筑港。孙中山先生曾在他的《建国方略》中专论中国未来从南到北应建设的 16 个港口，认为经过建设后的葫芦岛港“能取营口而代之，居二等港首位”。葫芦岛港首次兴建于 1910 年，后因辛亥革命事起，筑港工程中止。1913 年再度动工，终因经费缺乏而停办。1929 年，当时的东北边防军司令长官张学良将军视察葫芦岛后，决心再度修筑此港。1930年，葫芦岛举行筑港开工典礼。张学良主持大会，各界来宾共计700余人和海陆军部队数百人参加了开工典礼。

中华人民共和国成立后，葫芦岛划属辽宁省，1956年9月成立锦西市，1994年9月锦西市更名为葫芦岛市。葫芦岛市是全国乃至全球唯一一座以“葫芦”命名的城市，是中国葫芦文化传承与发展的中心。葫芦岛市拥有丰富的葫芦文化资源，从盘古开天辟地的葫芦创世，到伏羲、女娲以葫芦为舟游天地的葫芦续世以及女娲补天的葫芦救世等传说故事，在向世人诉说着葫芦岛与葫芦文化起源与发展的深厚渊源；从神奇的葫芦仙女，到现实中的“葫芦娃”、虔诚的渡水腰舟仪式、象征福禄与功德的福禄桥、葫芦仙女藏身的圣水湖以及当地众多的葫芦民俗、葫芦地名，无不昭示着葫芦岛在我国葫芦文化传承与创新中的独特地位。历史的积淀和现实的传承使葫芦岛在我国葫芦文化发展中的重要价值日益得到社会的关注和认可。2009年8月9日，在葫芦岛市喜迎建市20周年之际，中国民间文艺家协会正式授予葫芦岛市“中国葫芦文化之乡”称号。

近年来，葫芦岛市将葫芦文化产业作为当地葫芦文化传承、发展与创新的综合性媒介和载体，成功探索了产业引领模式的葫芦文化品牌化之路。这里有全国第一家注册成立的葫芦协会；有全国唯一一家以葫芦命名的国家AAAA级旅游景区——国家级文化产业示范基地葫芦山庄；有全国第一家葫芦文化博物馆；有第一座福禄之神——葫芦仙女的塑像；有关于葫芦仙女的种种传说；有天然生成葫芦图案的巨大玉石。这里也是全国第一个举办大型葫芦节和迄今为止举办葫芦节最多的城市；这里还是中国葫芦协会筹建会的发起之地和中国葫芦协会筹备会的办公地。

可以说，从远古的盘古开天辟地、女娲造人、女娲补天、渡水腰舟等传说，到历史延续中的葫芦仙女故事，以及葫芦地名、民俗、生产工具、生活用品、工艺品、乐器、武器等，一直到今天的文化产业项目和城市文化符号，葫芦文化与葫芦岛这座“城、泉、山、海、岛、庄”兼备的新兴沿海开放城市天缘巧配。葫芦岛市委、市政府始终高度重视提升葫芦岛市的文化品位，倾情打造葫芦文化之乡。葫芦岛市的葫芦山庄、中国葫芦文化博物馆、国际葫芦文化节等，已经成为我国葫芦文化传承与创新的最具代表性标志。

辽宁葫芦山庄文化旅游集团有限公司，是辽宁宏业集团核心子公司之一。2001 年秋，宏业集团董事长王国林在传说中的葫芦庄原址上正式启动葫芦山庄建设。历经十七年的矢志艰辛，昔日的小山庄现已成为国家 AAAA 级旅游景区、国家文化产业示范基地、全国农业旅游示范点、全国首批五星级休闲农业与乡村旅游示范园区、国家级青少年户外营地、辽宁省十佳旅游景区、北京电影学院教学创作实践基地。葫芦山庄从葫芦种植起步，陆续开发建设了中国葫芦文化博物馆、中国关东民俗博物馆、关东古街、关东古道等文化项目，已使葫芦岛作为中国葫芦文化发祥地、关东民俗文化代表地的概念得到社会各界的广泛认同。

目前，葫芦山庄正在对葫芦文化的传承创新追求更大的拓展。以葫芦山庄为核心，占地 5000 亩的葫芦岛葫芦文化创意产业园区的规划工作已经启动。作为一张亮丽的城市名片，葫芦山庄与葫芦岛市的九门口长城、兴城古城、龙湾海滨以及锦州笔架山等辽西走廊旅游景观一起，已经形成富有朝气和魅力的文化旅游产品。

中国葫芦文化博物馆始建于 2006 年，2009 年被中国民间文艺家协会授与此名。该博物馆是目前国内首座大型葫芦文化主题博物馆，有国外葫芦文化、葫芦与生活、葫芦与艺术、葫芦与军事等功能区，集中展示了 3000 多件展藏品。这些展藏品以葫芦的原材料为主，涵盖青铜、陶瓷、琉璃、玉石、金、银、铜、铁、锡、木、竹、绣品等多种材质。博物馆不仅收藏了国内知名书画家王少默、霍然、魏哲、扈鲁、问墨等人的葫芦文化作品，而且还收集了多部葫芦文化论文集、国内外葫芦画册以及葫芦种植、加工方面的书籍。目前，博物馆已经发展成为涵盖葫芦文化、科学与艺术的综合性葫芦文化展示基地。

近年来，葫芦岛市一直以“小葫芦、大文化、大产业”为宗旨，传播葫芦文化，促进葫芦产业与文化产业相结合，打造葫芦文化品牌。

国际葫芦文化节是葫芦岛市一直坚持和不断强化的葫芦文化品牌塑造与传播媒介。自 2005 年首届国际葫芦文化节举办以来，已经成功举办了七届。前四届国际葫芦文化节是由中共葫芦岛市委、市政府主办，由市委宣传部牵头，市发改委、市文化局、市旅游局和龙港区人民政府等协办，葫芦山庄承办。2014 年第五届葫芦岛国际葫芦文化节由中共葫芦岛市委宣传部、葫芦岛市龙港区政府、葫芦岛市文化广播影视局、葫芦岛市旅游局为指导单位，葫芦岛葫芦协会主办，葫芦山庄承办。同时，从 2014 年开始，文化节改为每年举办一次，增加了文化节举办的频次。文化节在每年 8 月举办，主要活动包括开幕式、闭幕式、文艺演出、葫芦展览、葫芦工艺品评比与颁奖、专家论坛、学术研讨会等，同时每届文化节都会设计特色活动。

为深入挖掘中国葫芦文化的丰富内涵，推动民族特色葫芦产业的传承与创新，目前葫芦山庄正在牵头负责中国葫芦文化协会的筹建工作，并于 2016 年 7 月第七届国际葫芦文化节期间召开中国葫芦文化协会筹委会会议。协会将以传播弘扬葫芦文化、发展壮大葫芦产业为宗旨，定期举办葫芦文化研讨、葫芦藏品展示、葫芦艺术品交流、葫芦产业发展研讨等各种专题活动，为国内葫芦文化研究学者与爱好者、葫芦产业实业家与从业者搭建交流互动平台，努力推动中国葫芦文化走出国门、走向世界。

经过多年的探索和发展，葫芦岛市葫芦文化品牌已经得到社会各界的广泛认可。葫芦岛市以葫芦命名的企业和机构已经涉及到葫芦工艺、太阳能、食品、图书等多个领域，以葫芦为企业标识者则已经延伸到影视、银行、零售业、房地产等更多领域。可见，葫芦已经成为葫芦岛的城市文化符号，葫芦文化与葫芦岛市城市文化的良性交融，使这座因地名而与葫芦结缘的城市，已经承担起中国葫芦文化传承与创新的历史使命，向着成为中国乃至世界葫芦文化中心目标不断迈进。

第一章

葫芦文化之乡——葫芦岛市

第一节 历史沿革

辽宁省葫芦岛市，被誉为“葫芦文化之乡”。其前身锦西市，1989年6月升格为省辖市。现辖兴城市、绥中县、建昌县、连山区、龙港区、南票区。葫芦岛市是中国东北的西大门，扼关内外之咽喉，山海关外第一市。

葫芦岛市历史源远流长，市境内发掘的文物、遗址证实该地属“红山文化”，远在数万年前就有人类在此繁衍生息。

葫芦岛地区在春秋时期属燕国领地，山戎部族在此居住。战国后期，燕国打败山戎部族，在北方设置五郡，今绥中、兴城等地属辽西郡，建昌西北属右北平郡。

秦立郡县制，绥中、兴城、连山等地属辽西郡。东汉安帝永初元年（107），设立辽东属国。三国、两晋及南北朝时，大部分地区属昌黎郡。隋朝初期，大部分地区属柳城郡柳城县（今朝阳）。契丹改国号为辽，葫芦岛地区归其统治。元代，本地汉族、女真族、蒙古族混居，多元文化融合。清光绪三十二年（1906）设锦西厅，隶属锦州府。

中华人民共和国成立后，在党和政府的关怀领导下，本地经济建设突飞猛进。本市现拥有立体便捷的交通与通讯设施、驰名中外的葫芦岛港和绥中港、以石油化工为主体的实力雄厚的沿海工业，同时也是我国北方重要的果品出口基地。

近年来，本市获得了中国优秀旅游城市、国家级园林城市、中国双拥模范城五连冠、全国创建“和谐”社会先进城市、中国葫芦文化之乡等多项荣誉。2016年6月，葫芦岛海域的“觉华岛”被授予中国“十大美丽海岛”之殊荣。

第二节　自然与文化资源

葫芦岛拥有优美广阔的自然风光。在258公里的海岸线上，共分布天然海水浴场13处，浴场岸线总长20公里。葫芦岛海滩坡缓、沙细，水稳波清，光照充足，绝大部分处于无污染的原生状态。

九门口水上长城驰名中外，兴城明代古城——宁远卫城有着深厚的历史底蕴和丰富的文化遗存，著名的历史文化遗迹——秦皇碣石宫具有重要的考古价值。以此三大景区为依托，沿海一线有30余处景区、景点，构成了葫芦岛“悠久的名胜古迹，迷人的走廊风光”特色。

全市现有AAAA级旅游区6处，AAA级旅游区13处，其中“葫芦山庄”荣获国家“工农业旅游示范点”称号；文物保护单位233处，其中世界文化遗产一处、全国重点文物保护单位13处。

除却美丽的自然风光，葫芦岛市也有丰厚的文化资源。本地历史悠久，自古以来就是东北地区与中原交汇流通之地，战迹颇多，海港、关隘、城墙等记录了历史的沧桑，演绎了众多可歌可泣的英雄故事。

1. 九门口——一战灭两国的九门口（一片石）大战

九门口，古称一片石，是京奉交通要道，明代长城中最重要的关隘之一，被誉为“京东首关”。九门口长城坐落在辽宁省葫芦岛市绥中县李家乡新台子村境内，距山海关15公里，全长1704米。

公元1644年，李自成率大顺军攻到北京城下。吴三桂原本率兵四万驻守宁远（今葫芦岛兴城市）以阻清军入关。大顺军直逼京畿时，吴三桂奉命率兵进关，行抵丰润（今属河北），闻京师已破，遂折返。权衡当时形势，吴三桂决定投降，但为了留条后路，将其主力屯兵于九门口。这时李自成的大将刘宗敏抓了吴三桂的父亲，并将其爱妾陈圆圆霸为己有。吴三桂听闻后，决心与大顺军势不两立。

大顺军与吴三桂守军在九门口展开了激烈的争夺战。吴三桂自知难以支撑，于是引清军入关，让清军对付大顺军。清军首领多尔衮把八旗军的主力部队背向大海，分层排开，可是他并不进攻，只是严阵以待。由于大顺军已与吴三桂交战了大半日，伤亡者较多，而且力气耗费甚大，因此无法抵挡一直作壁上观、养精蓄锐的清军。大顺军死者数万，李自成传令撤退，清军则乘胜追击，获得大顺军许多驼马和绸币。一片石大战，使清军事实上达到了一战灭两国的效果。

2. 宁远古城与袁崇焕

明天启元年，后金天命六年（1621），后金克广宁（今辽宁北镇）等 40 余城堡，并企图进兵山海关。天启三年九月，袁崇焕与副总兵满桂领兵万余驻防宁远。

努尔哈赤亲统八旗军约六万人，于天启六年正月出沈阳，直逼宁远。此时宁远孤城守军不满两万，前有劲敌，后无援兵，形势险恶。

正月二十四日，努尔哈赤发动攻城。袁崇焕亲自担土搬石，堵塞缺口，血染战袍，仍镇定自若，督率军民缚柴浇油并掺火药，用铁索垂至城下燃烧；又选健丁五十名缒城而下，用棉花火药等物将抵近城下的战车尽数烧毁。又架城内西洋大炮十一门，从城上炮击。战至深夜，后金军攻城不破，于是收兵。

正月二十六日，后金军继续围城，精于骑射的八旗将士，却被阻于深沟高垒之前，矢石炮火之下，难以发挥骑战特长，伤亡甚重。努尔哈赤遭遇用兵 44 年来最严重的失败。据传其本人亦被红衣大炮重伤，被迫撤军后于当年九月离世。

但后金军设计离间，袁崇焕被治罪。崇祯三年（1630）八月，袁崇焕被凌迟处死，皇城百姓因痛恨袁崇焕“通敌”，纷纷争食其肉。错杀袁崇焕使崇祯帝自毁长城，大明王朝气数将尽。

3. 葫芦岛筑港

葫芦岛港以状似葫芦得名。港阔水深，为北方重要良港。开发历史悠久，战略地位重要。

1908 年，清朝东北三省总督徐世昌聘请英国工程师协助考察葫芦岛，决定在葫芦岛筑港，因此徐世昌成为倡建葫芦岛港的第一人。

孙中山先生曾在他的《建国方略》中专论中国未来从南到北应建设的 16 个港口，并认为建设完备的葫芦岛港将“能取营口而代之，居二等港首位”。

葫芦港真正的开发与张作霖、张学良父子关系密切。1922 年，东三省巡阅使镇威上将军张作霖想收回松花江的航运权，加强水上防卫实力，便在奉天 (今沈阳) 设立了航警处。同年又在葫芦岛建立了航警学校，它是青岛海军学校的前身。

1930 年葫芦岛筑港开工典礼时，树立了一座纪念碑。纪念碑是用大理石琢成的带双肩的扁长体 , 通体纯白，立于长方座上，通高 1.8 米。正面阳刻隶书八分体大字：“葫芦岛筑港开工纪念”，背面阴刻魏碑体碑文，为张学良亲自撰写。

葫芦岛市龙港区海滨东山山坡上有一座张学良别墅，建于 1922 年，为张学良来葫芦岛视察时入住。

“九一八”事变后筑港工程停顿。1935 年 4 月 1 日，重新组织了一个葫芦岛筑港委员会，要在葫芦岛修建三座可停靠千吨以上货船的码头和三个输油码头，并陆续启动。

日伪占据东北时期，葫芦岛港成为日本侵略者掠夺东北资源的一个出海口。东北大量的石油、粮食、木材、工业品等被从葫芦岛港运送到日本。

4. 葫芦岛大遣返

东北地区日侨遣返是中国战区日侨俘遣返计划的一个重要组成部

分。1946年，为保证日侨俘得以顺利遣返，经商定，以葫芦岛为输送港口。

1946年5月7日，满载近2500名日本侨民的两艘轮船驶离葫芦岛，“葫芦岛大遣返”拉开序幕。

1948年6月—9月，最后几批日侨近4000人从沈阳空运到锦州，然后从葫芦岛乘船回国。至此，东北日侨全部遣返，约105万人。这在全球遣返侨民史上是史无前例的。

在此期间，葫芦岛人民做出了巨大奉献。据史料，当时入境待运的日侨俘在葫芦岛停留时间短者7天，长者半月，也有一部分人停留一月两月，甚至半年不等。停留葫芦岛期间，日侨俘所需的口粮全部由当地人民提供。为保证日侨俘及时医病，葫芦岛还专门设立了医院，拥有外科、肠道科和妇产科。葫芦岛日侨营地曾发生霍乱，中方医护人员全力防治，控制了可怕的传染病。

正是由于葫芦岛人的仗义之举，很多被遣返的日本侨民将葫芦岛视为他们的再生之地，称其为“和平的原点”。为此，葫芦岛市政府于2006年建立了日本侨俘遣返之地纪念碑，记录了1946—1948年发生在葫芦岛的这段特殊历史。日本宫崎市和葫芦岛市建立了友好城市关系，时任宫崎市市长津村重光的家人正是从葫芦岛遣返的。

5. 塔山阻击战与烈士陵园

塔山乡，位于葫芦岛市连山区，距葫芦山庄约10公里。塔山革命烈士陵园坐落在此，是为纪念辽沈战役塔山阻击战中英勇牺牲的革命烈士而修建。烈士陵园由牌楼、革命纪念塔、革命烈士公墓、纪念馆等组成。

革命纪念塔高12.5米，通体由花岗岩砌成，塔身为正方形石柱。塔的正面是陈云题词：“塔山阻击战革命烈士永垂不朽”。背面镌刻碑文，讲述了战斗经过和英雄事迹。

1948年塔山阻击战打响，中共东北野战军部分部队在塔山地区阻击锦西、葫芦岛增援锦州的国民党军队。经过六天六夜浴血奋战，战胜了拥有现代化装备的国民党优势兵力，创造了以少胜多、以劣胜强的光辉战例。塔山阻击战为保证我军取得辽沈战役胜利起到了关键作用。

革命烈士公墓由葫芦岛市政府投资 40 万元于 1997 年在纪念塔的后侧修建。公墓内合葬着 700 多名烈士的尸骨。墓前耸立一座黑色大理石纪念碑，碑的正面书写“塔山英烈万古流芳”八个金色大字，后面镌刻着革命烈士的英名录。

第二章

远古的传说与现实的结缘

第一节　葫芦岛的葫芦传说

一　葫芦创世说

我国北方特别是关东一带，世传盘古本名“盘瓠”，与葫芦为天缘，因此有盘古创世即葫芦创世之说。据说，初时的宇宙混沌一片，巨人盘古在这混沌之中，一直睡了十万八千年。一天，盘古突然醒了。他见周围一片漆黑，就抡起大斧头，朝眼前的黑暗猛劈过去。只听一声巨响，

混沌一片的四周渐渐分开了。轻而清的东西，缓缓上升，变成了天；重而浊的东西，慢慢下降，变成了地。

天和地分开以后，盘古怕它们还会合在一起，就头顶着天，用脚使劲蹬着地。天每天升高一丈，盘古也随着越长越高。这样不知过了多少年，天和地逐渐成形了，盘古也累得倒了下去。

盘古倒下后，他的身体发生了巨大的变化。他呼出的气息，变成了四季的风和飘动的云；他发出的声音，化作了隆隆的雷声；他的双眼变成了太阳和月亮；他的四肢，变成了大地上的东、西、南、北四极；他的肌肤，变成了辽阔的大地；他的血液，变成了奔流不息的江河；他的汗水变成了滋润万物的雨露。盘古开天所用的大斧化作如今葫芦岛葫芦庄东侧的天角山。在天角山以东不远的笔架山上，人们修建了一座三清阁，里面世代供奉着一尊香火十分兴旺的盘古塑像，盘古创世、盘古化三清的传说在关东一直为人传颂。

二　葫芦续世说

关东盛传，宇宙初开时，伏羲、女娲曾以葫芦为舟游于天地之间，且天地间只有他们兄妹两人。女娲感觉世界缺少跟她一样的生物，于是开始用泥塑人，但泥人如同木偶一样没有灵性，于是女娲将葫芦籽放在人体内赋予其灵魂，从此世界变得热闹起来。后来他们看着自己辛辛苦苦造的小人不断衰老死亡，生命不能自然延续，又从葫芦结籽而代代相传中参悟到传宗接代之法，感到要使人类得以继续繁衍，只有他们兄妹结为夫妻。兄妹二人站在天角山上远眺茫茫大海，实在难以启齿。他们看到山顶有两扇石磨盘，便想到就让天意来决定吧。他们便一齐向天祷祝："老天啊！请你裁决吧！现在，我们把这两扇石磨分别推下山去，如果允许我们结为夫妻，石磨就对合在一起；不然，就让石磨各自分开。"祷祝完毕，他们各把一扇石磨推到山下，两扇石磨在山下紧紧相合，正所谓天作之合。女娲激动得热泪直流，泪水汇成异相天成的葫芦岛葫芦山庄圣水湖，两扇石磨紧紧相合的象征——圣水湖畔的石磨至今仍是青年男女的祈福之所。于是女娲与伏羲结为夫妻，生儿育女，人类得以重新繁衍。

三　葫芦救世说

在洪荒时代，水神共工和火神祝融因故吵架而大打出手，最后，祝融打败共工。共工因被打败而羞愧，一头朝西方的不周山撞去。不周山是撑天的柱子，不周山崩裂了，支撑在天地之间的大柱子断折了，塌下半边的天空出现了一个大窟窿，地也陷出一道大裂纹，山林烧起了大火，洪水从地底下喷涌出来，毒蛇猛兽也纷纷出来，吞食百姓，人类面临着空前的灭顶之灾。女娲目睹人类遭此奇祸，感到无比痛苦，于是决定补天。然而补天首个难题就是用什么来补，女娲苦思不得其解，遂问计于盘古。盘古言道："昔日，吾开天于此，当时所用开天之斧化作一座大山，汝可炼化此山之石补天。"于是女娲在此山上取石，依法炼成七彩石将天塌陷的窟窿补好后，又斩下在渤海为怪的大龟的四只脚，当作四根柱子把倒塌的半边天支起来，人类终于得救了。女娲有感于补天之行，遂将取石之山命名为天角山，并将自己与伏羲所乘的宝葫芦抛下，化作葫芦形的半岛，这就是现在的葫芦岛。时至今日天角山的石头依旧有如黑色铸铁一般，葫芦岛当地人感叹天角山之神奇而不得其解，更使得传说为人深信，且广为流传。

第二节　葫芦岛的葫芦缘

从空中鸟瞰，葫芦岛活脱似一个巨大的葫芦，其中又包含着一个小葫芦。它根植于渤海之滨的辽西走廊，葫芦嘴直入渤海辽东湾，似乎在倾吐自己的心声。在神奇的葫芦岛上，除了关东民间盛传的葫芦创世、葫芦续世、葫芦救世说外，还有很多与葫芦有关的独特传说，有很多与葫芦结缘的自然与社会物象，更有很多远古流传下来的与葫芦有关的节庆仪式等等。

一 葫芦仙女

因女娲曾采石补天于葫芦岛的天角山，所以在蒙昧之初，她常常显身葫芦岛，呵护教化着当地的百姓。据说她教会葫芦岛百姓驯化野牛用于耕地，留下今日的牛营子村；她教会百姓驯化野马为家畜，留下了今日的白马石村；她教会了百姓种植水稻，使得百姓不用忍饥挨饿，留下了今日的稻池乡；她教会百姓编织笊笠，以满足日用，留下今日的笊笠头村；她教会百姓结网打鱼，留下了今天的打渔山；她在山南庄教人们种植葫芦，后来山南庄改成了葫芦庄。

葫芦岛人世代感恩女娲娘娘的无量功德，尊称她为葫芦仙女。现今的葫芦仙女雕像矗立在福禄广场的中心，雕像高 8.08 米，重 800 余千克，用优质汉白玉精雕而成。正面镌刻的“葫芦仙女”四个金字辉煌耀眼。葫芦仙女面容慈祥，裙裾飘逸，足踏海浪，身绕祥云，正将那只普救人间、造福一方的宝葫芦凌空倒置，把福禄、吉祥、富庶、欢乐，源源不断地洒向人间，润泽大地。

发生在葫芦仙女身上的奇闻异事有很多。一件事发生在 2005 年 8 月 18 日上午，当天原定葫芦仙女雕像揭幕的时间是 9：58 分，广场上人山人海，负责燃放鞭炮的工作人员过于紧张，提前 3 分钟便点燃了鞭炮。见此状，众位领导和揭幕嘉宾只好随机而动，开始揭幕。谁知披挂在雕像上的红绸布，如同生了根一样，怎么也揭不下来，旁边的工作人员忙拿竹竿拽绳索帮助掀揭，红绸布还是纹丝不动。就在大家面面相觑无可奈何之时，红绸布却突然从雕像上自行滑落，此时，众人看表，时间恰好是 9 点 58 分。

另一件发生在揭幕仪式刚刚过后。众位领导同雕刻厂厂长在雕像前合影留念。照片洗印出来后，人们惊奇地发现照片中葫芦仙女手里的宝葫芦上方，又显现出一只宝葫芦，葫芦形的光晕清晰可见，大家疑惑不解，即使是专业的摄影师也惊叹照片的神奇。

这些事件的巧合，使人感到不可思议。用现在的话说，也许叫偶然现象，但民间传播开来的是，葫芦仙女至今还是灵验如初，仍然给这里布撒着福禄吉祥。

二　当代葫芦娃

我国民间和影视剧及各种传媒中广泛流传的七个葫芦娃，现已成为葫芦岛孩子们向往的榜样。葫芦岛市委宣传部、葫芦岛市教育委员会、共青团葫芦岛市委把一年一度的“100名葫芦娃”评选活动开展得有声有色。每年评选出的100名葫芦娃是优秀少年的象征，也是葫芦岛未来的希望。2016年7月，当年度当选的100名葫芦娃出现在第七届中国葫芦岛国际葫芦节的开幕式舞台上时，国内外来宾报以长时间的热烈掌声。未来葫芦岛市将继往开来，把中华葫芦娃的精神推向更广的范围，使全国、全世界都了解我们的中华葫芦娃。

三　渡水腰舟

每年的盛夏7月，葫芦岛的葫芦山庄都要举行大型仪式表演——渡水腰舟。在这场民俗盛会上，美丽的姑娘们穿上色彩缤纷的泳装，腰系大大的葫芦，在女娲留下的圣水湖中尽情畅游，小伙子们也自然成为护花使者。令人感叹的是：每年的泳装都有众多企业争相赞助，每年的表演都有大量的志愿者踊跃参加，人们似乎是在履行一种教义式的虔诚。而这均与一个美丽的传说有关。相传远古的葫芦岛曾经历过一次空前严重的水患。就在水患肆虐生灵涂炭之际，曾在葫芦岛天角山取石补天的女娲向在洪水中挣扎的葫芦岛先民抛下无数的葫芦，先民们挽葫芦于腰际，洪水过后竟全部安然无恙，由此葫芦岛地区兴起了每年盛夏的渡水腰舟大型表演。

四　福禄桥

传说远古时代，葫芦岛百姓为纪念葫芦仙女的再造之恩，在葫芦庄建设庙宇，供奉葫芦仙女，远近的百姓都来朝拜。朝拜之时，要路过圣水河，圣水河上并没有桥，有时天降大雨还会发起大水，且河水湍急，这样一来百姓们就很是不便。葫芦仙女得知后，施法将葫芦藤变成了一座桥，方便百姓出入，百姓们得以顺利过河，并敬称此桥为福禄桥。桥两侧的两个小潭，则为福潭和禄潭。

历经年代更迭，葫芦仙女施法而成的福禄桥多次经后人行善修葺。2001 年，辽宁宏业实业集团董事长王国林先生开工建设葫芦山庄时，首先将原有的福禄桥进行了修建，成为今日的福禄桥。

历史上的福禄桥曾留下这样的童谣：“福禄桥上走，能活九十九；福禄桥上过，世代有享乐；福禄桥上行，子孙赛鲲鹏；福禄桥上站，福禄连成串。”

五　关东荷花潭

荷花在关东一带极为少见。但在葫芦岛葫芦山庄内闻名遐迩的圣水湖畔，却有一个天然的荷花潭。每到盛夏，徜徉在荷花潭边，欣赏着小荷尖尖，蜻蜓曼舞，不能不感叹“映日荷花别样红”这样的千古佳句真是绝了！但高纬度的关东为什么会留下如此江南景色呢？

据传，葫芦仙女被召回天庭离开葫芦岛后，一直念念不忘她一手造化的葫芦岛，为此她多次冒犯天条回到凡间，王母盛怒之下降旨怪罪。这年的7月天，葫芦仙女再次仙降圣水湖畔的葫芦庄，而王母的天兵天将也随后赶来。葫芦仙女匆忙隐身于荷花潭中，但当时的荷花潭只是一池清水，如何瞒得过众多天神？危急时刻，百姓们纷纷把自己的草帽抛向潭中，潭水瞬间被草帽覆盖，葫芦仙女由此躲过天兵。临别之际，葫芦仙女玉指微弯，面对潭水轻点了三次，潭水中的草帽于是变成了一朵朵美丽的荷花。

六　关东葫芦习俗

关东地区五月节（端午节）挂葫芦的习俗，据说起源于黄巾军的故事。

黄巾军起于河北，波及到辽西时，恰在端午节前夕。大屠城之日，一伙黄巾军不分老小见人就杀，已经杀红了眼。正在此时，一位妇女引起了黄巾军的注意。这位妇女怀里抱着一个大孩子，手里领着一个小孩子在逃难，兵荒马乱中，小孩的手里还拿着一个十分特别的葫芦，此情非常不符常理。黄巾军就问其究竟：“你为什么不抱小孩子，领着大孩子，孩子拿个葫芦干什么？”妇女说：“小孩子是我亲生，大孩子是我丈夫前任老婆所生，她因病已经离世，所以我才嫁给了现在的丈夫，因此，我应该对大孩子更好些。必要时，我宁可撇下亲骨肉，也不能放弃这个孩子不管！我再三嘱咐自己的亲生儿子，千万要保管好手中的葫芦，日后我们如能幸存下来，孩子可能长大成人，那时我已经老了，怎能辨认自己的亲骨肉呢？这个葫芦，是日后母子相认的唯一凭证。”黄巾军首领心生怜悯，于是说：“你心地善良，乐于助人，快快回去安心度日吧。”妇女说：“您饶我性命，可您手下的人能放过我吗？”首领说：“这好办！回去你把孩子手里的葫芦挂在你家的大门上，到时我会告诉我手下的人，见到这个标志，就会保你全家平安！”于是，这个妇女谢恩后，便放心地回家了。第二天黄巾军的首领果然领着大队人马路经此处，但见到这个村子家家户户的大门上都挂着葫芦，于是只好越村而过。原来，这个中年妇女回村之后，把避难的方法告诉了同村的人。于是每家每户的大门上，都挂上了葫芦。从那以后，此习俗便延续下来，直至今日。特别到农历的五月初五，也就是端午节这天，人们为了求得生活的幸福和平安，家家户户都要挂葫芦。

每逢端午，这个传说便被葫芦岛人讲述，它不仅表达了祈求安康的朴素心愿，更包含了劝人向善的美好寓意。“五月节挂葫芦”所承载的无论是内涵深蕴的葫芦文化，还是美丽动人的民间传说，都是中华民族智慧和文明的结晶，是宝贵而不可替代的节日文化源泉，葫芦岛会将这项传统的民俗文化继续传承下去，让它在璀璨的民间文化长河中熠熠发光。

七　葫芦山庄

昔日女娲娘娘留下的葫芦庄已成为今天的葫芦山庄。除了关东百姓津津乐道的葫芦仙女、福禄桥、圣水湖、荷花池外，葫芦山庄还随处可见葫芦的天缘，真可谓无处不葫芦。

（一）大葫芦嘴、小葫芦嘴

葫芦庄，东部为大海，南部为小海（又称小南海），村庄百姓靠打鱼、种植葫芦为生。那时，渤海内有恶龙、恶龟作怪，殃及山南庄百姓，而此地又时常受到海洋台风影响。葫芦仙女为保护当地的百姓，在大海与小南海相交之处，抛下两个葫芦，形成两个小山丘，酷似葫芦嘴，靠近大海处为大葫芦嘴，里面是小葫芦嘴，大小葫芦嘴形成了村庄的保护屏障。

（二）小井沟

葫芦庄地处海边，缺乏淡水，干旱年头，村内居民生活都成问题。葫芦仙女在幻化大小葫芦嘴时留下了一条沟，并点施变化出一眼小井，水源源不断从井中流出，甘甜清澈。井眼与海边距离不到百米，大旱水不干，大涝水过沟入海不溢，人们都说，这是葫芦仙女留下的福禄小井沟。

（三）葫芦谷

葫芦谷位于葫芦庄东北部，因东北部为沟壑地形，形状为口小里大，又因葫芦仙女在此沟内土地上教百姓种植葫芦，日久天长，人们便称其为葫芦谷。

（四）葫芦庄里的小葫芦岛

葫芦庄内有一条很宽很长的沟，人们称之为小海或小南海。小南海中间有一个面积十亩左右的小岛，外形近似葫芦。据说，当年葫芦仙女即将返回天庭之际，葫芦庄的百姓为失去保护神而痛哭不已，仙女亦为之动情。当时仙女将玉带所佩的一只精巧小葫芦取下交于葫芦庄长者，告知千年内葫芦庄如有劫难，可将此葫芦抛入海中，则劫难自消，但千年之后需将其归于小南海。世世代代这只神奇的葫芦无数次福佑葫芦庄，千年之后，在神奇葫芦入海的地方，渐渐生成这样一个形似葫芦的小岛。

人们有说这是大葫芦岛的孩子小葫芦岛，也有说小南海是不远处敬奉的葫芦仙女的一条玉带，小岛千年之后又化为仙女玉带上的配饰。小葫芦岛的美丽传说让人向往，经常有情侣携手走过木拱桥踏上小岛，感受千年神奇，因此又称其为情人岛。

（五）葫芦仙女留下的圣水源、圣水湖和圣水瓢

1. 圣水瓢

某一年，关东大旱，长时无雨，大地龟裂，百姓十分困苦，面临绝收的境地，便纷纷到福禄宫拜求葫芦仙女显灵、赐雨。葫芦仙女感知此事，便用葫芦瓢取圣水湖之水洒向关东大地，关东大地顿时喜降甘霖，灾情得以缓解。后来，葫芦仙女把取水所用的葫芦瓢放置于圣水湖畔，人们称之为圣水瓢。

2. 圣水源

水生万物，万物皆源于水，“圣水源”就是葫芦山庄的淡水源头，圣水源发源于天角山。关于圣水源，有一个美丽的传说。很久以前，这里叫作山南村，紧临渤海边，到处是盐碱荒滩，每逢大旱，寸草难生，百姓艰难度日。葫芦仙女作为这一方的神灵，顿生悲怜之心，很是焦急。

于是她驾着祥云，赶到天池，用宝葫芦装满天池水，回到天角山，把宝葫芦放在山顶上，让葫芦里的水源源不断地流出来。从此，宝葫芦化为今天的泉眼，里面的天池水源源不断地流入山南村，使荒野变成良田，润泽一方百姓。百姓们为感谢葫芦仙女显圣，就将此称作“圣水源”。

3. 圣水湖

圣水湖由圣水源流出的水汇积而成，圣水湖也是葫芦山庄内最大的淡水湖，总面积近 2 万平方米，平均水深 2.8 米。

圣水湖的奇妙之处在于，大涝之年湖水不涨，大旱之年湖水不落，这一点很难解释清楚原因，但恰恰显示了它的神奇之处。

圣水湖距离海边仅百米之遥，湖的四周多为沙土，能有如此好的淡水水质实属难得。无论多么干旱，它都会一直保持现在的水位，反之汛期涨水其水位也能保持相对平衡。据说，这是葫芦仙女用葫芦蔓连通地下水形成的结果，由此有了今天葫芦山庄一大“怪”，即“圣水湖水永不败”。2005 年全国曾热播电视剧《圣水湖畔》，编剧何庆魁有感于葫芦山庄的湖光美景，将其原名《查干湖畔》更为今名。

第三节　永久的文化符号

有关葫芦仙女和葫芦文化的精神寄托，已经在葫芦岛地区形成了独特的文化现象，以葫芦造型为标识的点缀、装饰等等在葫芦岛随处可见。葫芦岛市委市政府也高度重视葫芦文化体系的建设，葫芦文化和葫芦仙女已经成为葫芦岛地区特有的文化符号。

一　葫芦岛市政府门前的文化符号

葫芦岛市 1989 年升格为省辖市后，每年都在市政府门前广场修建不同的葫芦造型，以突出葫芦文化之乡的城市定位。图为 2016 年市府广场葫芦造型。

二　葫芦岛新城区海滨的文化符号

葫芦岛新城区海滨是AAAA级旅游景区，是环渤海最著名的海滨之一。葫芦岛海滨紧邻主要城区，是葫芦岛广大市民避暑消夏的首选之地，也是京津地区夏日周末自驾游的主要目的地。右图为葫芦岛海滨的巨大葫芦造型。

三　葫芦岛龙湾公园的文化符号

葫芦岛龙湾公园位于葫芦岛龙湾新城区，是葫芦岛市民户外休闲健身的重要场所。右图为葫芦岛龙湾公园的葫芦造型。

四　葫芦岛经济开发区的文化符号

葫芦岛经济开发区是辽宁五大重点开发区之一，是辽宁沿海经济带的重要组成部分。右图为葫芦岛经济开发区的葫芦造型。

五　葫芦岛电视台的文化符号

葫芦岛电视台是葫芦岛市唯一的电视官媒，是弘扬葫芦文化的重要平台，多年来始终以传播葫芦文化为己任。右图为葫芦岛电视台台标。

六　葫芦岛商业银行的文化符号

葫芦岛银行是葫芦岛市地方银行，是葫芦岛市地方经济发展的助推器。右图为葫芦岛银行的企业标识。

七　葫芦岛富尔沃集团的文化符号

葫芦岛富尔沃集团是葫芦岛市的代表性实业之一，多年从事古城文化产业开发、商业街区及地产开发等产业。右图为富尔沃集团的企业标识。

第三章

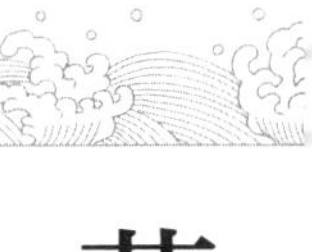

葫芦文化的礼赞

第一节　生命的呼唤

在人类数千年发展历程中，葫芦根植于历史之土壤，见证文明之孕育，记录文化之创造。无论葫芦是“自然瓜果”还是“人文瓜果”，它都与人类生命的延续息息相关，回应着生命的呼唤，昭示着生活的真谛。葫芦岛市葫芦文化历史悠久，积淀深厚，源远流长，葫芦在当地民众的生产和生活中扮演了重要角色，在各个领域发挥了不可替代的作用，是当地民俗文化的重要组成部分，深刻而广泛地影响着百姓的日常生活和文化生活。

一　服饰篇

服饰是人类生活的智慧结晶，是最基本的生活要素之一，是人类文明的重要标志。一般说来，服饰主要包括以下四类：

第一类是服装。它包括运用不同材料如棉布、麻布、化纤、皮革、丝绸、毛线等制作的衫、帽、裤、裙、袜、鞋等，“穿衣戴帽”是人类生活的最基本环节。

第二类是装饰物。它作为服装的搭配，对服装起点缀修饰的作用，包括头饰、耳饰、项饰、腰饰、手饰、足饰等，这些佩饰的运用往往有画龙点睛的效果。

第三类是对人体本身的装饰。它包括发式、画眉、描唇、镶牙、文身等，这些同样是服饰不可或缺的部分。

第四类是具有装饰作用的生活用品，包括随身携带的各种背包、挎包、手提包、荷包、香囊等，是实用功能和装饰功能的巧妙结合。

从最初作为遮身蔽体、防御寒暑的实用性发展到要求装饰搭配的艺术性，服饰在款式、色彩、质地、图案以及功能需求上的演变愈发复杂。服饰的变异性极大，但是，其实用性、民族性和审美性相统一的宗旨从未发生改变，作为一个民族或地区独有制作工艺的展示和文化的表达，服饰间接地反映了当地的生活习俗和审美意趣。

葫芦岛地区的服饰特征具有鲜明的地域性。由于地处满汉文化交融汇合的辽西走廊，汉族与满族服饰风格相结合，服饰逐渐多元化、多样化，既有汉族服饰纯朴大方的特点，又有满族服饰色彩鲜明的风格。多民族文化的融合使葫芦岛的服饰别具一格，服饰的图案题材广泛、内涵丰富，具有极强的表现力。尤其是在葫芦文化潜移默化的熏陶和影响下，当地民众设计和制作服饰时，在原料、样式、色彩、图案和花纹等方面大量融入了“葫芦”这一特殊文化符号。这些与葫芦相关的服饰可分为两类，一类是通过技艺把自然生长的葫芦加工成佩饰，如用葫芦雕琢而成的耳坠、项链等；另一种是在服饰的制作中结合葫芦元素，这些元素有的是葫芦形状的图案，如葫芦形香囊，葫芦造型的步摇和簪子等，有的是对葫芦神话传说内容的艺术表达，如葫芦图案肚兜、葫芦枕头顶刺绣等。“葫芦”这一文化符号的融入是葫芦岛地区与其他地区服饰特点相区分的独特标志，它不仅从外传达了葫芦文化的历史信息，也从内在的功能表达了葫芦岛的生产生活方式。“葫芦”服饰以实用性服务于民众日常生活的同时，汇集了更多的文化气息，展现富有地域特色的审美意趣，这是葫芦岛独有的文化印记，更是中国服饰史上浓墨重彩的一笔。

（一）葫芦肚兜

肚兜是一种贴身内衣，主要功能是护住胸腹部，以系绳固定于颈部和腰部，是我国传统服饰之一，有的肚兜为了方便储物，在衣片下部设计了兜袋。徐珂《清稗类钞·服饰类》中提道：“抹胸，胸间小衣也。一名袜腹，一名袜肚。以方尺之布为之，紧束前胸，以防风之内侵者。俗谓之兜肚，男女皆有之。”肚兜的造型极其丰富，常见的有菱形、椭圆形等。在肚兜夹层之中填入棉絮或草药，又有御寒养生之效。肚兜的纹饰题材也非常丰富，通常使用山水祥云、花鸟鱼虫等图案，表达百姓对福、禄、寿、喜的殷切向往和美好追求。

“葫芦肚兜”是葫芦岛地区的典型服饰，借助“葫芦”的图案与形状来折射喜庆吉祥、祈福消灾的理念，是当地肚兜文化中最具特色的内容之一。经典的深蓝色背景与色彩鲜明的配图，加之精致的刺绣工艺，使兜肚成为一件可供欣赏的艺术品，极富浪漫情怀和深层寓意：其一，葫芦是“福禄”的谐音，是吉祥的象征，寓意多子多福、福禄双全；其二，

葫芦肚兜　高 35 厘米

葫芦象征爱情如葫芦花一样纯洁美好，由于它的外形由两个球组成，也象征着家庭和睦、夫妻恩爱，以表达幸福美满之意；其三，葫芦代表济世救人，寓意穿者健康平安；其四，葫芦代表医药和长寿，可以驱灾避凶；其五，葫芦是积善积德的载体，表达穿者对人心向善的憧憬。

（二）葫芦发簪

发簪是一种管束头发的饰品，具有固定头发和装饰美化的作用。发簪式样丰富，主要变化多集中在簪首。葫芦发簪，多以金银为主要材质。镶于簪首的葫芦以玉或琉璃等雕琢而成，造型典雅，小巧精致；另一种将葫芦镶于簪身，使整个发簪色泽明丽，玲珑剔透，别有一番韵味。葫芦发簪不仅具有质朴天然的气质，又有东方古典的神韵，是自然灵性与人文情愫极致的融合。

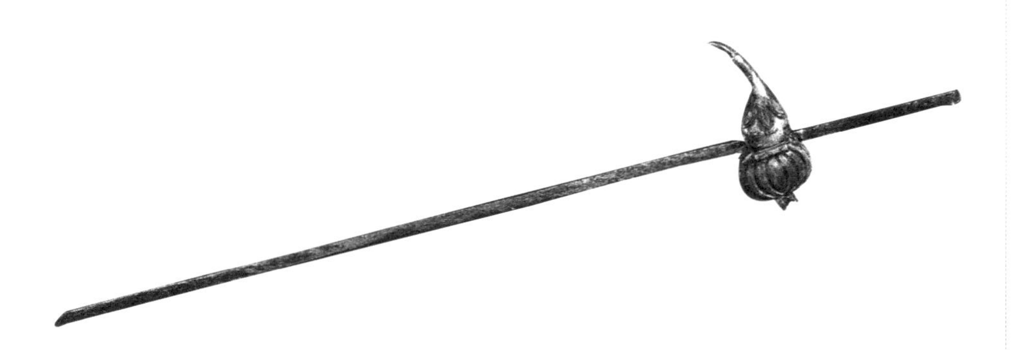

葫芦发簪　长17厘米

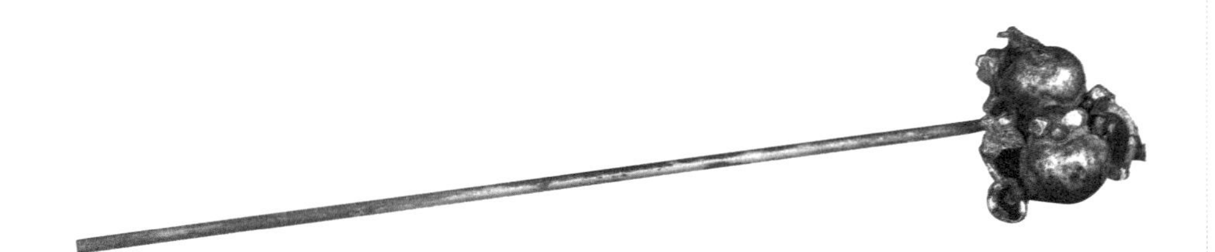

葫芦发簪　长15厘米

（三）葫芦耳坠

葫芦耳坠造型繁多，以葫芦形状的坠饰为主要特征。制作方法分为两种：一种是以金银、玉石仿造葫芦形状，光泽华润，精致典雅；另一种是取大小适中的天然葫芦经过打磨和加工制成，这样做的优点是耳坠极为轻便，风格古朴自然。著名的“四珠葫芦环”，又称“四珠环”或“葫芦环”，据说是在元代宫廷就已经流行的款式。葫芦岛的葫芦文化博物馆中收藏了多种葫芦耳坠，它们造型奇特，大小不一，样式丰富，不仅展示了精湛的制作工艺，而且体现了独有的审美风格。

葫芦耳坠　长6厘米

（四）葫芦手镯

手镯是一种佩戴于手腕上的环形饰品，一般可分为两类：第一类是封闭型，以玉石材质居多；第二类是半封闭型，即有口或链相连接，这类手镯以金属材质居多。佩戴手镯的目的以审美为主，也可以此显示佩戴者的身份地位，有的材质还可起到保健身体的功效。手镯制作工艺中也不乏葫芦文化的展现。葫芦手镯造型独特，一般以银打造，非封闭环形，端口两侧呈对称之美，曲线优美如两朵祥云，下端各自悬挂两个银质小葫芦，圆润可人，会跟着手腕晃动而摇曳不停，光华

葫芦银手镯　直径5厘米

流转，格外注目。葫芦是可以化煞辟邪的吉祥物，银质饰品自古就有逢凶化吉、祈佑平安的意义，因此，这类葫芦银手镯寓意深刻，堪称民间工艺设计的精品。手镯作为新石器时代就开始流行的饰品，佩戴历史悠久，具有浓厚的文化韵味，把葫芦元素运用到饰品的设计和制作中，不仅表达了人们热爱生活的美好愿景，更展示了手工艺人精湛的工艺和卓越的智慧。

（五）葫芦荷包

荷包是盛装零星物件的小包，挂于腰间，随身佩戴。荷包的造型和图案都具有浓重的装饰意味。中国葫芦文化博物馆收藏了多种葫芦荷包，以刺绣小马图案葫芦荷包为例，它以葫芦形状为外形，棉布为底，绣以小马图案，寓意“马到成功”，以紫色碎花圈边，两侧搭配深蓝色中国结，中国结下是金属质地的珠子配流苏。整个荷包色彩搭配

葫芦荷包　长15厘米　宽21厘米

和谐，工艺精致，寓意美好。虽然荷包原有功能仅是用来盛装物品，但它的造型选材、图案搭配让我们不仅有视觉上的审美感受，还可体味到不同地区的民族风俗、交际礼仪、身份地位和心理取向等精神文化因素，这些器物文化价值远远多于它的实用功能。

（六）葫芦枕头顶

枕头顶是满族传统的刺绣生活用品，以家织布料打底，以红色、蓝色、白色和黄色丝线精心刺绣而成，展现了劳动人民对美好生活的向往和满族深厚的文化内涵。按老习俗，满族女子从十几岁就开始练习描纹样、绣枕头顶了，因为枕头顶是重要嫁妆之一。中国葫芦文化博物馆收藏的一对枕头顶，选取喜庆的大红色为背景，以葫芦藤上两两相对的葫芦为图案，内涵深蕴：葫芦藤枝叶蔓延，象征子孙延绵；葫芦花娇艳盛开，象征感情炽热；葫芦结籽众多，象征多子多福。葫芦的谐音为福禄，此枕头顶寓意新人幸福美满，早生贵子。绣枕头顶是满族传统原生态的艺术表现形式，它保留了满族原始的思维形式，也是研究满族历史和文化的重要物证。

葫芦枕头顶　高 37 厘米

二　器物篇

按照使用价值，可将葫芦器物分为生产和生活两类。生产方面，古代社会以农业和手工业为主，利用天然葫芦的独特造型，可将葫芦加工为帮助人们提高生产效率的工具，如点种葫芦、油锤葫芦和纺锤葫芦等。生活方面，由于葫芦大小不一、形状多样，可根据不同葫芦的特点制作成方便生活使用的器皿，以供盛水盛物。古代诗文中多见关于葫芦器物的记载，最常提及的是“匏樽”和“腰舟”。苏轼在《前赤壁赋》中写道“驾一叶之扁舟，举匏樽以相属”，其中，“匏”即葫芦的一种，古代称酒器为匏樽，充分显示了古人的饮酒雅兴和浪漫情怀。《庄子·逍遥游》有：“今子有五石之瓠，何不虑以为大樽，而浮于江湖”，这是用一种极大的葫芦作为渡水工具。在我国黄河流域，人们渡河时需腰拴葫芦作为辅助，防止溺水，故葫芦又被称为“腰舟”。

葫芦作为古人生活之必需，其器用史十分漫长：据考古资料，1973年浙江余杭河姆渡文化遗址出土了葫芦及葫芦籽，可知我国葫芦种植史已约达七千年。“幡幡瓠叶，采之亨之”（《诗·小雅·瓠叶》），“七月食瓜，八月断壶”（《诗·豳风·七月》）是我国古代将葫芦种植和葫芦加工作为重要的生产活动的诗歌记载。由于葫芦生命力顽强，生长繁殖迅速，体轻质坚，易取易得，成为不需要特殊加工即可获得的天然器皿，这使葫芦的器用功能在无意识中自然形成，在民间被普遍使用，因此有“庶人器用，即竹、柳、陶、匏而已”（《盐铁论》）。然而，随着历史的推进和社会分工的复杂化，民俗生活逐渐趋于多样化，葫芦所满足的不仅是基本的生存需要，人们对葫芦的生产加工已经有了自觉主导意识，这不仅是葫芦器物发展史的进步，更是人类文明发展史的进步。

在葫芦岛地区的日常家庭中，葫芦器具的使用十分普遍，由于葫芦岛具有得天独厚的葫芦种植条件和深厚的葫芦文化底蕴，葫芦的加工运用早已深入百姓生活，具有葫芦元素的生活用具随处可见，既实用又美观。当然，葫芦作为一种文化，其器用价值仅是基础。我们无法脱离葫芦的使用价值探讨葫芦文化，因为千变万化的葫芦器用，已经成为呈现人们生活意义的载体，只有放入文化传承的历史长河中，葫芦才能从单纯的器物本身升华出精神内涵。

（一）点种葫芦

点种葫芦，又名“点葫芦”，是农业生产中重要的农具，主要功能是种地点种。由于小粒的农作物种子不便于播撒，撒的量大，作物长得紧密，不利于生长；撒的量小，作物长得稀疏，作物会减产。因此，点种葫芦在生产中就发挥了不可或缺的作用，用点种葫芦播种，下种省力而均匀，地域特色十足。

点种葫芦由青葫芦制作而成，主要由四部分构成：盛装种子的葫芦、筒子、根据种子大小调整播种密度的篦子以及敲打筒子的点种棍。点种葫芦色泽金黄，经过晾晒和加工，不再是制作之前的天然青绿色，质地变得硬脆，点种时声音动听无比。播种前，葫芦里注满谷类或豆类的种子，随着种子逐渐撒向大地，葫芦的声音从浑厚充实转为清脆活泼，奏出一曲劳动人民在田间创作的动人乐章。如今，传统的点种葫芦已经被机器点种工具取代，但是，葫芦在原始农业生产中发挥的作用和意义是深远而无可替代的。

点种葫芦　长 80 厘米

（二）油锤葫芦

我国的香油饮食历史久远。按照制作方法，香油可分为小磨香油和机榨香油。油锤葫芦是小磨香油的重要工具，多用长柄大葫芦，表面光滑、细长轻巧，一般高约70厘米，油匠把芝麻磨成油浆后，再用油锤葫芦反复顿杵，使油渣分离，这是生产小磨香油的关键步骤。

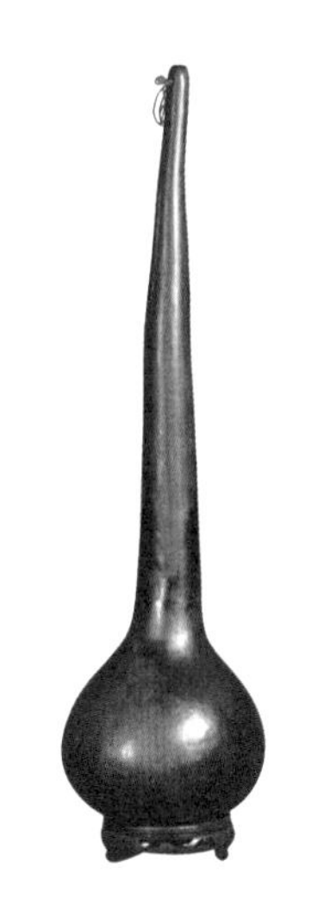

油锤葫芦　高70厘米

（三）纺锤葫芦

纺锤是手工业生产的重要工具。葫芦纺锤制作简便，结构简单，取材方便，选取天然细长的葫芦经过打磨晾晒后即可制成。在过去，葫芦纺锤是葫芦岛地区每家每户必需的手工生产工具。

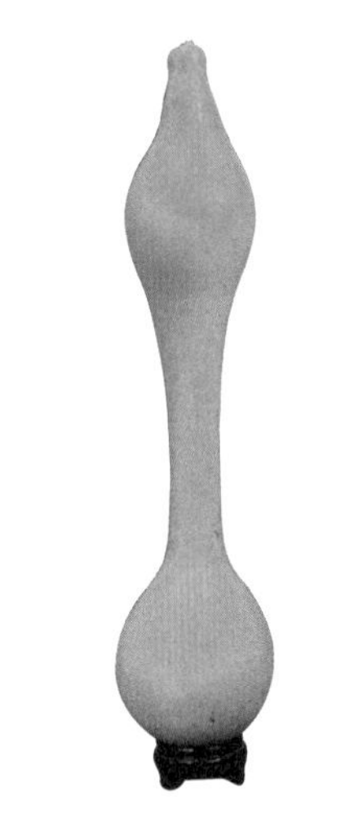

纺锤葫芦　高89厘米

（四）葫芦瓢

葫芦瓢，顾名思义，是由葫芦制作而成的用于舀取的生活器具，可用来舀水、掠面等。葫芦瓢的制作，通常选取形态对称的“圆肚”老藤葫芦，把表面的白色外皮削掉，再用锯一分为二锯开，取出葫芦瓤，随后进行晾晒。晾晒葫芦时，不可直接暴晒或阴干，以免晒裂或出霉。比较常用的方法，是在晾晒时遮上一层纱布。葫芦逐渐坚硬后，涂上油漆，可保证使用寿命。如今，舀取器具的材质已由天然葫芦发展为木质、金属或塑料等，形状和功能逐渐走向多样化，葫芦瓢的使用范围越来越小。但是，葫芦瓢曾经是广大劳动人民生产、生活的专用工具，它承载

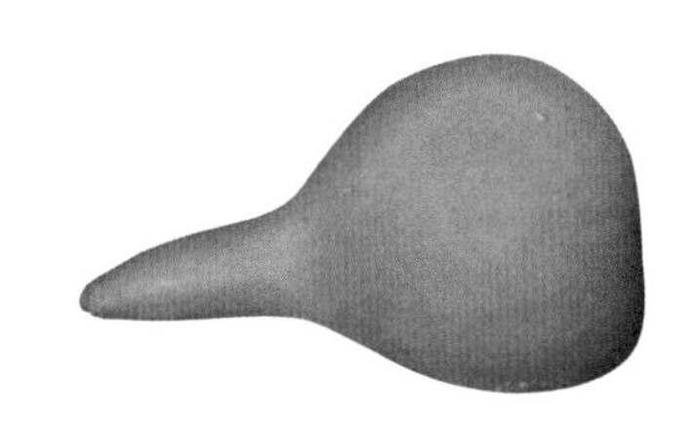

葫芦瓢　长28厘米

了劳动者的共同记忆，其历史作用和传承价值是不可替代的。

（五）葫芦酒器、酒幌

葫芦酒器是指用天然葫芦盛酒，或以金属、陶瓷制成葫芦造型的盛酒器，旧时通常被船夫、车夫、挑夫等在外使用。在我国古代，用葫芦当酒器较为普遍。古代文学作品如《西游记》《水浒传》《醒世恒言》等等多有记载。

酒幌，又称酒招、酒望。葫芦酒幌是指用天然葫芦或葫芦形状的招牌挂于酒馆门口，表明此店有酒出售。

锡制葫芦形温酒器　高 22 厘米

辽三彩葫芦形酒壶　高 24 厘米

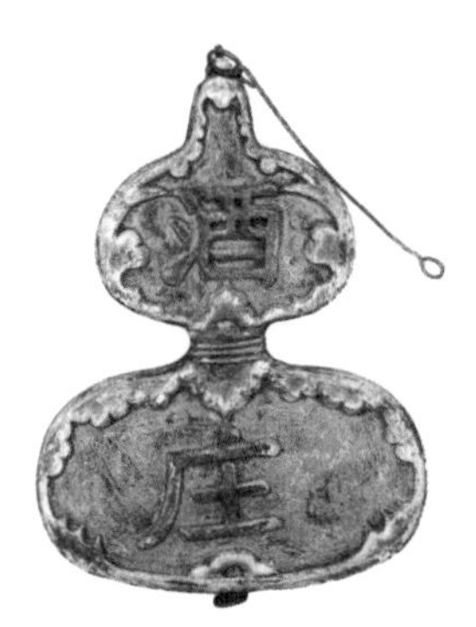

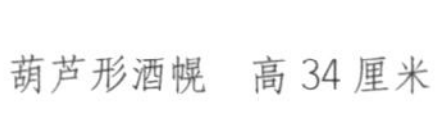

葫芦形酒幌　高 34 厘米

（六）葫芦鼻烟壶

鼻烟是发酵的烟叶粉末经调香而成的无烟烟草制品，用鼻吸用。鼻烟壶是指盛装鼻烟的容器。鼻烟自明末传入中国，鼻烟壶的设计、图绘逐渐出现东方化色彩。鼻烟壶小巧玲珑，方便携带，引入艺术化的设计，作为一类精美艺术品传承下来。葫芦鼻烟壶一般由天然葫芦经特定工艺制作而成，如夹扁、勒扎，有花模子、素模子等，鼻烟壶成形后，再对其表面进行图案加工，如火烙、刀刻、针划等等。葫芦岛市中国葫芦文化博物馆目前馆藏的鼻烟壶多以范制葫芦为主，形状对称，坚实无瑕，极为珍贵。

范制笸箩纹鼻烟壶，高 5 厘米。据考证，笸箩纹最初始于民间，道光之后成为宫廷及民间饰匏常见图案。

范制夹扁葫芦是指将幼嫩时期的天然葫芦夹于两块板片之间，使其成长为扁形。两块板片无花纹，长成的葫芦表面光滑，朴素自然。

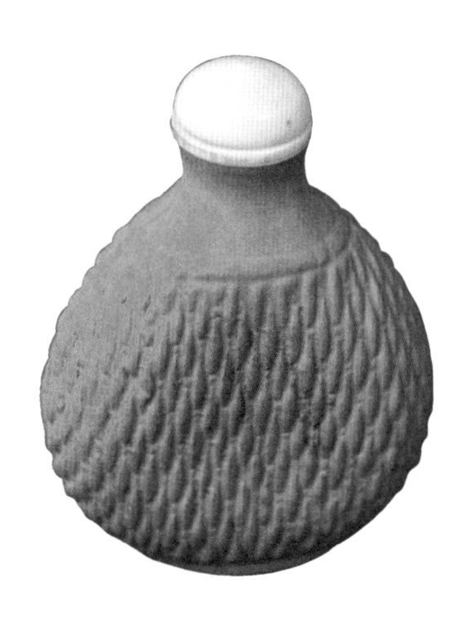

范制笸箩纹鼻烟壶　高 5 厘米

范制夹扁素面鼻烟壶　高 5 厘米

范制葫芦万代纹鼻烟壶　高7厘米

范制葫芦万代纹鼻烟壶，高7厘米。此鼻烟壶不同于夹扁形葫芦，分为上下肚，下肚较上肚稍大，整体呈左右对称，圆润规范。鼻烟壶表面是范制而成的葫芦万代纹，图案清晰，纹理细腻，寓意吉祥如意，造型和工艺十分难得。

（七）鸣虫葫芦

鸣虫葫芦是畜养鸣虫的最佳虫具之一，可养蝈蝈、蛐蛐等，鸣虫葫芦历史悠久，文字记载可上溯到唐宋时期，盛于明清。

鸣虫葫芦主要分为两种：一种是范制，一种是本长。范制类是指把幼嫩时期的天然葫芦放入模具里，用外力迫使葫芦按照模具形状生长。本长类是指形状大小符合畜养鸣虫标准的天然葫芦。目前的情况，范制类由于自然条件的不可控，长成理想形状的概率低；而本长类由于偶然

范制鸣虫葫芦　高5厘米

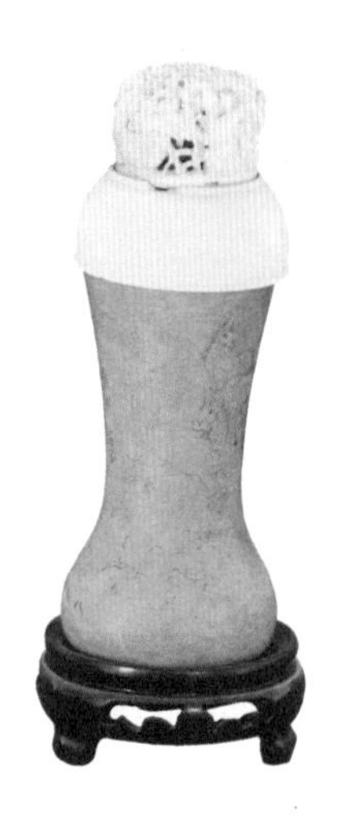

范制鸣虫葫芦　高10厘米

性较大，更是可遇不可求。

葫芦岛市葫芦文化博物馆珍藏有不少范制鸣虫葫芦，多为素模范制，表面光洁，经脱皮、上油等工序后，再以檀木为底，象牙为盖，兼具艺术价值和收藏价值，十分珍贵。

（八）葫芦毛笔

毛笔是文房四宝之一，是我国独具特色的传统书写和绘画工具。毛笔种类繁多，款式多样，笔毫的材质、笔管的粗细长短都十分考究。好的毛笔不仅是一种书画工具，更是供人鉴赏的艺术品。笔管可以竹、玉、瓷、象牙等材质制成，以葫芦制笔，并不多见。葫芦毛笔的笔管以长柄葫芦制成，握笔轻巧，古朴自然，艺术感极强。中国葫芦文化博物馆收藏的一支葫芦毛笔，是在长柄葫芦生长时将其勒成“节节高升”状，兼具次序感与对称美，寓意深刻，造型优雅；另一支笔管自然弯曲，突出空灵俊逸之感，可与行书、草书的风格特色相映成趣。

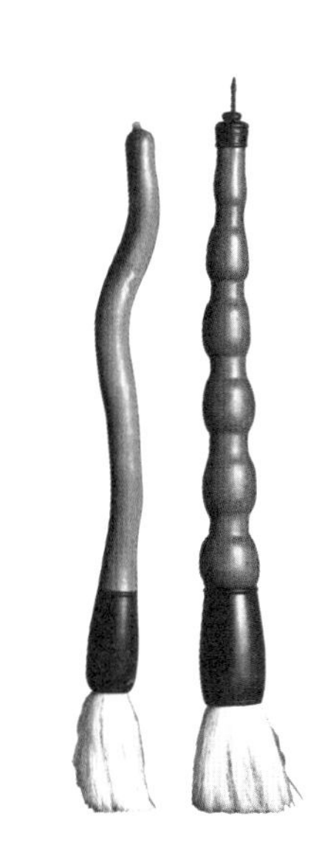

范制葫芦毛笔　高 27 厘米

（九）舟具

天然葫芦具有密封、中空、轻巧的特点，成熟的大葫芦置于水中浮力较大，可作为人们渡水的工具，这类舟具也叫葫芦舟或腰舟。制作舟具通常选取有柄的圆形大葫芦，高度多在 40—60 厘米之间，腹径多在 30—50 厘米之间，葫芦周围用藤条编织围绕，以便在水中抱握，也能减少葫芦在碰撞中造成磨损。

（十）葫芦筷笼

筷笼是放置筷子的生活器具。中国人使用筷子，筷笼家家必备。葫芦岛市中国葫芦文化博物馆馆藏的一只金属葫芦形筷笼，高 26 厘米，采用了线刻和镂空的艺术手法，配以雕花图案，古朴大方。其最具特色

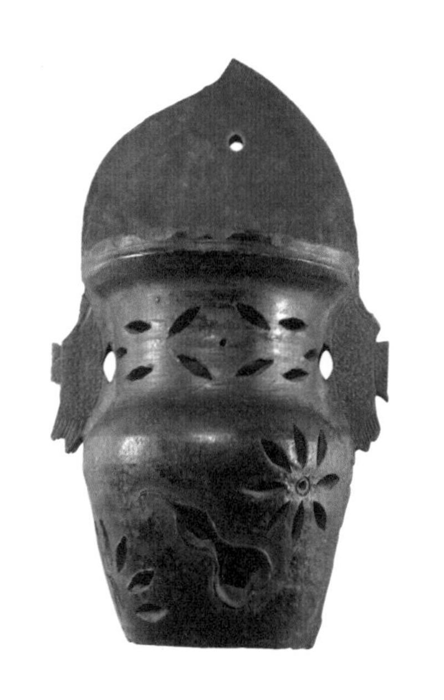

葫芦筷笼　高 26 厘米

之处在于中间镂空了一个小亚腰葫芦，葫芦的设计使筷笼既立体美观又蕴含深意。葫芦自古就有“多子多福”的吉祥寓意，此葫芦筷笼透露了极强的祈子民间传统，是将美与生活完美融合的艺术品，承载了劳动人民淳朴的理想与希望。

三　饮食篇

饮食是人类的本能。据乌丙安《中国民俗学》，人类的饮食史以火的使用为分界线，可分为自然饮食和调制饮食两个阶段。自然饮食阶段以生食天然食物为主，又被称为生食阶段。调制饮食阶段，人们利用火对生食进行烹饪，由简单到复杂，使饮食结构更加多样化。

“民以食为天”，葫芦首先是作为一种食物进入民间百姓生活的。古代文献最早提及葫芦时，首先关注的就是它的食用价值。远在西周初年至春秋中叶的《诗经》，就提到了葫芦。《诗经·小雅·南有嘉鱼》：“南有樛木，甘瓠累之”，朱熹引东莱吕氏曰：瓠有甘有苦，甘瓠则可食者也，说明了葫芦的可食性。《管子·立政》中也提道：“六畜育于家，瓜瓠荤菜百果备具，国之富也”，表明葫芦在古代就已经被先民广泛食用了。在葫芦岛市，以葫芦为食的历史由何时发端已无从查考，但是，就当地的葫芦吃法种类之多来看，可见其根深蒂固的葫芦文化情节与积淀深厚的葫芦饮食历史。在葫芦岛市，日常百姓的餐桌上经常出现葫芦的身影：葫芦既可以荤食烧汤，又可以素食做菜；既能腌制，也能晒干制成葫芦干留到冬日食用。葫芦烧汤其味鲜美，葫芦馅饺子清香四溢，每道都是极富地域特色的美味佳肴。此外，还有一些不是以葫芦为原料，却以葫芦为名的食品，如“葫芦头”“蜜汁葫芦”“葫芦虾蟹”等，这些菜品多做成葫芦形状，或借葫芦美誉呈吉祥福禄之意，彰显地域文化。

近年来，葫芦岛市着力打造“葫芦文化”城市名片和城市形象，葫芦特色饮食文化作为其中最具存在感和表现力的内容也成为重点打造对象。目前，在充分挖掘葫芦岛的民俗风情、葫芦文化积淀与葫芦种植资源的基础上，饮食文化专家以葫芦所象征的中华“福禄”文化作为主题，结合流行菜点的制作工艺和现代食品加工工艺，开发出了极富地域特色和民俗风情的特色葫芦宴——“中国福禄宴”，成功打造了一个具有浓郁葫芦岛地方特色的饮食文化品牌。目前，以葫芦为主要菜点的“葫芦宴”正在葫芦岛市葫芦山庄逐步推出。

四　医药篇

葫芦，古代也称作“壶”，俗称葫芦瓜。葫芦作为古代人们生活的必需品，其轻便耐固的特性，使其成为行走江湖、云游天下之人的常伴之物。“悬壶济世”“悬壶业医”是中医行医的专用词语。医家挂药葫芦，因葫芦器皿有储药的优势，同时也是“悬壶济世”的标志。

（一）药葫芦

常言道“葫芦里装的什么药”。葫芦具有密封性，可以隔绝潮气和水分，这样的特性使葫芦成为天然的药物储存器皿。葫芦岛市中国葫芦文化博物馆收藏有大小不一的药葫芦供参观鉴赏。图中药葫芦为镶嵌葫

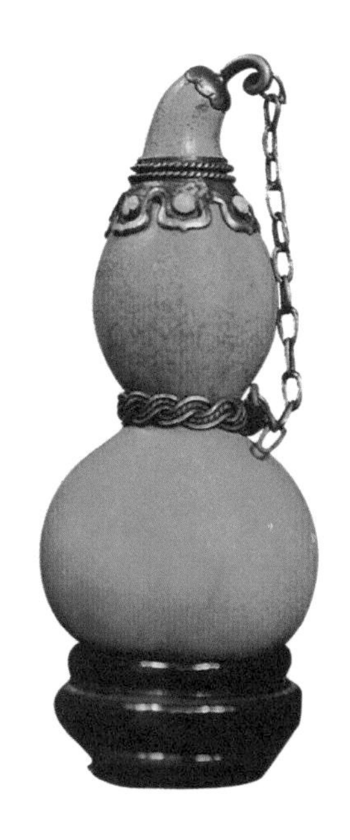
药葫芦　高9厘米

芦，采用了宫廷艺术的某些特色，葫芦上肚近盖处镶嵌有彩石，腰间系有金属链，高约9厘米，葫芦表面色泽红润，典雅精致，应是古代富庶人家的物件。

（二）葫芦入药

葫芦除了能盛药，亦可直接入药。《本草纲目》中记载的以葫芦为药引或原料的药方可达几十种，可见葫芦入药历史悠久，药用之大。葫芦全身是宝，藤、须、叶、花、果、种、壳都可作为药材，可以医治多种疾病。在农村地区，百姓常用葫芦籽医治牙痛或牙龈红肿，与牛膝一起煎水含漱，十分有效。葫芦壳也具有较强的药用价值，可清热解毒，利水消肿，而且越是陈年的葫芦壳，越有疗效。

五　军事篇

葫芦除了贯穿于人们的衣、食、住、行之外，在军事中也发挥了关键作用。葫芦具有质地轻便、易于携带、密封储物等特点，可将配备好的火药装入葫芦之中，作为火器攻击敌人。

（一）冲阵火葫芦

明代茅元仪《武备志》卷一三〇中有关于冲阵火葫芦的记载："形类葫芦，中为铳心，以藏铅弹，葫内毒火一升，坚木为柄，长六尺，用猛士一人持之，与火牌相间列于阵前，冲入贼队，人马俱惊，马步皆利。"（《续修四库全书·武备志》）冲阵火葫芦可被看作是一种原始的火枪，是指一种葫芦形武器，武器中装有火药，作战时，将士们手持冲阵火葫芦冲锋陷阵，突破重围，提高作战效率。

（二）对马烧人火葫芦

对马烧人火葫芦可被看作是一种火焰喷射器。《武备志》中记载：“用凹腰葫芦为之，外以黄泥、紫土、盐水和护一指厚，晒干，再灰布一层，外用生漆漆之，听用。旧文章纸不拘多少，每次十余张，灯上点烧灼，将水盆覆板上，将纸点灼，就放盆下，连盖闷灰存性，每灰一两，硝一分，硫磺二厘，共拌匀，灌入葫内，用火种烧红入内，随即用干葛塞其口，收贮听用，任放不熄，遇敌或夜行遇盗，藏于袖内，放开口，迎面喷之，火发三四丈，烧须燎鬓，面目腐烂也。”（《续修四库全书·武备志》）由此可见葫芦武器的杀伤力和危害力之大。

（三）火药葫芦

火药葫芦又被称为火药飞雷，可被看作一颗威力巨大的手榴弹。使用原理是将火药装入瓢葫芦，点燃后用力向敌方投掷，在对战中炸伤敌方。图为盛装火药的葫芦，外面用鹿皮包裹，可以防止火药受潮。猎人在深山狩猎时多有使用。

火药葫芦　高7厘米

（四）监听葫芦

这种用法古代典籍多有记载：古代军队在晚上安扎驻营后，令几名士兵头枕着空葫芦，如果三十里外有敌人行动发出声音，不论来自哪个方向，都能传到葫芦里。这是利用了空葫芦的共鸣传声原理，是一种有效的军事侦察方法。

（五）葫芦马鞍

葫芦有趋吉辟邪的作用，战争前夕行军出发之时，将士们通常会祈祷战事顺利，因此，在马鞍处经常配有葫芦形状的吉祥物，以保佑将士平安而归，如葫芦岛市中国葫芦文化博物馆馆藏的民国时期马鞍上葫芦形铜件。

马鞍　高 20 厘米

第二节　民众的尊崇

节日民俗的形成与发展经历了漫长的历史，民众在社会生活中约定俗成、集体创造了丰富多彩的节日文化，不仅形成了独有的地域特色，而且成为民众精神世界的自我调节。人生仪礼是社会民俗的重要范畴，与社会组织、民间信仰、生产生活等相互交织，反映了民众的生命价值观。在葫芦岛地区，民众对葫芦文化的尊崇体现在民间风俗的方方面面，尤其以岁时节日与人生仪礼为主。

一　端午民风

端午节是我国民间最重要的传统节日。关于端午节的起源，历代说法不一，有屈原说、勾践说、伍子胥说、介子推说等。经历了两千多年历史，端午节的传统习俗以及其文化内涵已十分丰富，它于我国南北文化融合的过程中受到各民族的普遍认同，逐步演变为一个全民参与的、富有地域特色的民间活动。端午节民俗活动，涉及祭祀先贤、民间传说、饮食、医学等多个方面，但就其活动内容来说，端午节与民间祛邪避瘟的观念相关。

葫芦岛地区传承了一项端午节民间传统——“五月节挂葫芦”。葫芦岛居住有汉、满、蒙古、朝鲜等40多个民族，在长期历史发展过程中，不仅创造了大量的物质文化遗产，也承袭了多种技艺、习俗、礼仪等非物质文化遗产。“五月节挂葫芦”这项习俗最初源于古代先民们对五月的认知，传统认为五月为“恶月”或“毒月”，葫芦谐音“福禄”，能够聚集“福气”，因此可以抵御“恶”“毒”。另一方面，人们又认为葫芦的形状与太极阴阳极为接近，可以收纳不吉之气。这种用葫芦去病化煞的习俗，与饮雄黄酒、贴钟馗像等辟邪祛病的民俗

活动异曲同工。端午节时，人们依习俗，或者将葫芦挂在家中或戴在身上，或者用红纸折成葫芦形状挂在门口，或者将剪纸葫芦贴在大门上。

“五月节挂葫芦”表达了葫芦岛人民祈求安康的朴素心愿，更包含了劝人向善的美好寓意。它所承载的葫芦文化是中华民族智慧和文明的结晶。

二 婚礼习俗

婚礼是人生的大礼，从古至今一直受到世人的重视。《礼记·昏义》记载：婚礼“敬慎重正，而后亲之，礼之大体，而所以成男女之别，而立夫妇之义也。男女有别，而后夫妇有义；夫妇有义，而后父子有亲；父子有亲，而后君臣有正。故曰：‘昏礼者，礼之本也’”，足以证明古人对婚姻之重视。古人创设了一整套繁冗复杂的婚姻礼仪，构成了独具特色的中国传统婚姻礼俗。婚姻是社会文化最重要的部分之一，它的形态及流程关乎人们的日常生活，反映社会文化的变动。

早在《仪礼》中就有关于婚礼程序的详细记载，《仪礼·士昏礼》中叙述了古代士的全部婚礼仪式，即六礼：纳采、问名、纳吉、纳征、请期和亲迎。“纳采”即媒人到女方家里传达男家求婚的意图，女家答应后，男家备礼求亲；“问名”即男家具书托媒问女方的名字，回去占卜；“纳吉”即男家卜得吉兆，告知女家；“纳征”即男家给女家送去聘礼；“请期”即由男家卜定婚期，告知女家；“亲迎”即新郎亲自上门迎娶新娘。这些仪式规定了从议婚到完婚的各项环节和流程，形式繁冗奢华。虽然普通民间婚礼会相对简约和朴素，但在中华民族强烈的“以隆重为福”的趋吉心理影响下，婚姻礼仪的发展和传承始终离不开传统“六礼”的影响。

中国是一个历史悠久，承载丰富礼俗文明的国家。古往今来，各民族和地区在长期的历史发展过程中积淀了具有地域特色的传统仪礼模式，这既是一种文明的传承，也是一种文化的创造。由于受到深厚的葫芦文化影响，葫芦岛地区的婚礼习俗融入了葫芦文化元素，鲜明地体现在婚礼礼器和婚礼仪式两方面。

首饰盒主要用来存放首饰，是古代女子出嫁的常见嫁妆。一件民国时期的木质首饰盒，上有葫芦形铜暗锁，造型古朴大方。葫芦在民间有“宝葫芦”的美称，首饰盒多存放金银首饰、玉器珠宝，以葫芦铜锁掌管首饰盒开关，寓意女子出嫁后富贵安逸，金玉满堂。风水之说认为铜葫芦有增强夫妻感情、促进家庭和睦的作用，因此，该葫芦形铜暗锁首饰盒寄托了婚姻美满、家庭幸福的美好寓意。

嫁妆瓶又俗称为“撣瓶”“胆瓶”，是旧时婚姻中女方陪嫁的瓷瓶。嫁妆瓶在晚清、民国时期最为流行。由于历史价值、艺术价值，嫁妆瓶逐渐由实用器物转为艺术收藏品。清代八仙葫芦纹青花嫁妆瓶，高 85

木质首饰盒　高 15 厘米

八仙葫芦纹青花嫁妆瓶　高 85 厘米

厘米，瓶上绘画内容为八仙葫芦法器，画工精美，工笔考究，以葫芦造型寄托对婚姻美满的祝福，十分珍贵。

在与葫芦相关的婚礼民俗活动中，最值得一提的就是“喝合卺酒”。“合卺”是古代婚礼中的一种仪式。“剖一瓠为两瓢，新婚夫妇各执一瓢，斟酒以饮……《礼记·昏义》：‘妇至，婿揖妇以入，共牢而食，合卺而酳。’孔颖达疏：卺，谓半瓢，以一瓠分为两瓢，谓之卺。婿之与妇，各执一片以酳，故云‘合卺而酳’。”（见《汉语大词典》）人们把葫芦分成两个瓢，称为卺，新人各拿一瓢饮，即合卺。换为杯盏，即为“交杯酒”。

由于现代化程度不断加深，新的经济生活方式和社会交往方式为人们提供了更加多样化的婚礼形式，传统的婚礼习俗正在不断受到冲击和动摇。虽然内容和习俗惯例的调整和改革是无法避免的，但是，具有传统色彩的婚礼仪式仍值得铭记与品位。如今的葫芦岛，更加倡导富有传统内涵又不失现代文明特色的婚俗礼仪，葫芦山庄提供举办传统民俗婚礼的服务，既符合古代延续至今的优秀传统文化观念，又适应新时代人们的心理认同和需要，而富有葫芦文化特色的婚礼礼仪，也将在未来的传承中，不断展示其悠久历史脉搏中跳动的生命力。

三　祭祀祈福

葫芦是我国古代祭祀中常见的祭器。我国云南彝族有“魂归葫芦”的信仰。信仰葫芦的彝族认为，人死后，灵魂要归于葫芦，亡魂要返归祖先居住地。“彝族的祖灵葫芦既是亡灵的依附物，又是亡魂返归的祖灵世界的象征”，魂归葫芦“体现了一种原始返祖观”（马昌仪《壶形的世界——葫芦、魂瓶、台湾古陶壶之比较研究》，《民间文化旅游杂志》,1996 年第 4 期）。而在我国汉族，魂瓶信仰同样可以折射出葫芦在汉文化祭祀礼俗中的价值。

魂瓶是为了给亡魂准备食物而创造出来的陶瓷器皿，又称“粮罂瓶”“五谷仓”“魂魄瓶”等，据考古资料，常见于汉至宋、元年间长江中下游的墓葬中。在墓葬中放置魂瓶，使亡魂不被饥饿困扰，反映了农耕时代的以谷安魂的观念，寄托了生人对亡者的思念之情。

五孔魂瓶　高 18 厘米　朝鲜

葫芦岛市葫芦山庄的中国葫芦文化博物馆收藏有葫芦造型的魂瓶。五孔魂瓶，高 18 厘米，造型为在一个大陶罐的口沿和肩部另塑四个壶形小罐，整体呈葫芦形。魂瓶所融入的葫芦元素的装饰内容，寓巧于拙，表现出人们对死亡理解的丰富化，现实与浪漫色彩交融。相比筒形、瓶形的魂瓶，葫芦造型的魂瓶在葫芦岛较为多见，这与当地尊崇葫芦趋吉辟邪的象征意义紧密相关。葫芦造型的魂瓶，一方面证实了葫芦文化对葫芦岛地区潜移默化的影响，一方面体现了民众对葫芦造型器物的崇尚和认同。

第三节　永久的传承

一　书法绘画

中国葫芦文化博物馆收藏了国内书法、绘画、文学等艺术领域多位名家的书画作品。他们被葫芦岛悠久的历史、中国葫芦文化的博大精深而感动，也为葫芦山庄、葫芦协会为搜集、整理、研究、比较世界范围葫芦文化而做出的巨大努力所震撼，为歌咏、赞美葫芦文化先后题词、留画。以下对书画家及作品略作介绍。

董必武，1886年生，中国共产党的创始人之一，中华人民共和国开国元勋。读书是董必武平生的一大嗜好，在中国古典诗词、书法和文化历史等方面有很高的造诣。1959年朱德、董必武等国家领导人来葫芦岛视察，游葫芦岛期间有感而留下以葫芦岛和葫芦文化为题的珍贵墨宝："岛似葫芦海上浮，洁而不食作匏留。故人百战成功后，建设仍资保卫周。"

魏哲，笔名老铁。著名书画家。中国书法家协会理事、中国书法家协会评审委员会委员。魏哲的书法艺术有着深厚的传统功力，主攻行书、草书，兼取唐宋法度和魏晋风范，逐渐形成高古奇谲的个人特色。魏哲是辽宁书风和全国"明清书风"代表人物之一。在他的影响下，辽宁省形成了"辽海书风"，葫芦岛市也有一批"辽海书风"的骨干书法家。

王少默，原名王澎涛，字少墨。著名书法家。书法作品入选国展以及中日、中韩、中新等国际交流展，部分作品被中南海、孔子博物院、中国书法艺术博物馆、泰山、黄河碑林等处收藏、刻碑、结集出版。曾任中国书法家协会评审委员会委员、新疆建设兵团书法家协会主席等。王少默在游葫芦山庄时惊叹于葫芦山庄中国葫芦文化博物馆藏品之丰富，欣然留念："葫芦文化唯此为大"。

陈济成，现任葫芦岛市美术家协会主席，在国画领域探索多年，作品多次在国家及省市大展中获奖，代表作有《长城》《洪流》《长青》《山泉水》《希望之光》等。陈济成追求辽西地域文化，雄浑的画作之中藏有一种地域风情。

王世襄，字畅安。著名文物专家、学者、文物鉴赏家、收藏家。王世襄兴趣广泛，书法与诗词皆擅。他在参观中国葫芦文化博物馆时，为葫芦协会题词"葫芦岛葫芦协会"。

霍然，著名书法家，中国书法家协会会员。

王玉池，著名书法家，中国书法画院院长，高级书画师，著名书画评论家。

扈鲁，当代画家，山东省美术家协会会员。现任中国曲阜师范大学副校长，葫芦画社社长。

马国志，辽宁省美术家协会会员、阜新书画院画家。

赵立新，八一电影制片厂故事片部美术创作室主任。在大量的影视作品中担任美术师。

安进， 职业画家，山东美术家协会会员， 中国书画家联谊会会员。

李传宇，中国当代书画艺术家联谊会会员，中国青年书画家协会会员。

张万臣， 军旅书画名家。中国美术家协会会员、北京美协理事、中国国际书画艺术研究会理事。

问墨，中国曲阜师范大学书法学院教授。

魏哲书法作品　　　　王世襄题词

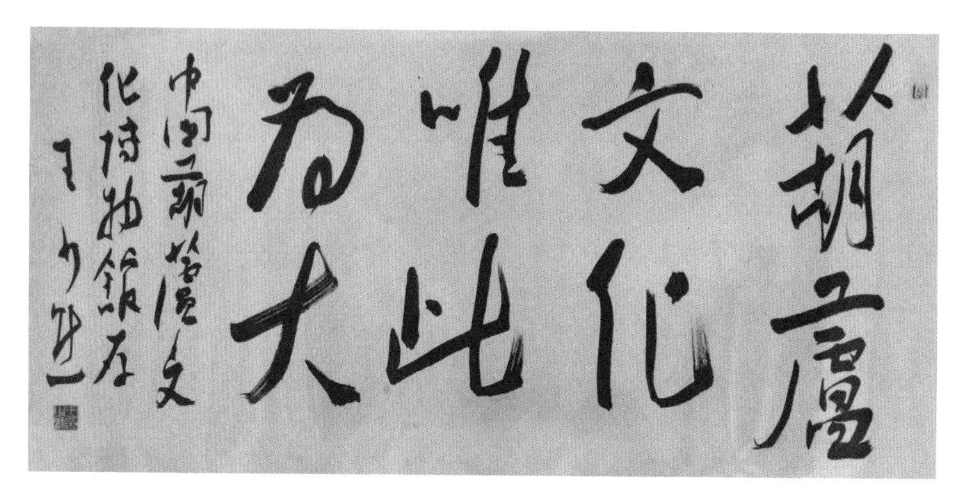

王少默书法作品

陈济成　山庄里的葫芦

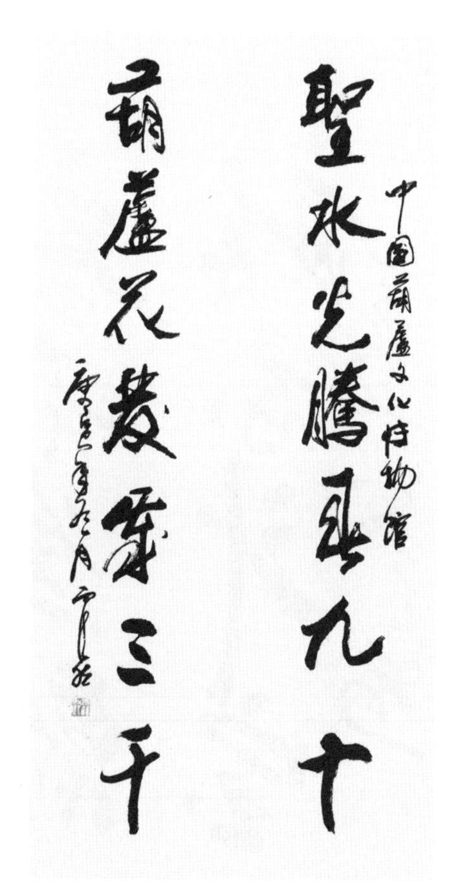

霍然书法作品

王玉池书法作品

扈鲁　福禄

马国志　秋

赵立新　硕果

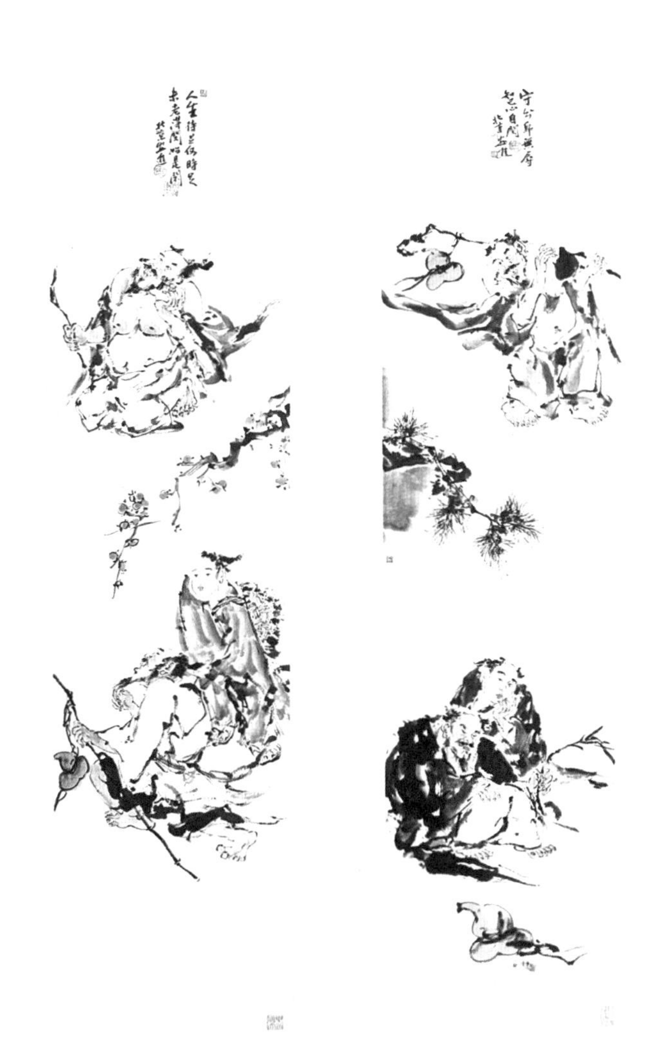

安进　神仙图

李传宇　载酒图

张万臣　秋趣

问墨　秋韵

二 音乐

葫芦丝：用葫芦、竹子做成的一种乐器，主要流行于云南少数民族地区，也称为“葫芦箫”或“葫芦笙”。通体分为上下两个部分，上部为一个完整的天然葫芦，用葫芦肚作为音箱，葫芦嘴作为吹口；下部插进粗细不同的三根竹管，一根主管，两根附管，主管发音，附管共鸣。其声音与洞箫有似，婉转细腻，圆润质朴，有朦胧含蓄之美，适合演绎中国传统民族风格的乐曲。

鸽哨：也叫鸽铃，是装在鸽子尾羽上的哨子。一般选用细腰葫芦的底肚作为主体，其上镶竹哨口，鸽子飞翔在空中，鸽哨于空中嗡嗡作响，发出的音比较低沉和浑厚。

葫芦丝 高35厘米

鸽哨 高4厘米 民国

三　剪纸

剪纸是中国古老的民间艺术。葫芦岛的民间剪纸作品大量体现出生命崇拜的意境，葫芦文化元素在其中占有重要地位，葫芦岛特殊的地域位置亦使剪纸作品体现出关内关外民间文化融合的特点。改革开放以来，葫芦岛的剪纸艺术在继承传统的基础上进一步创新。涌现出马松林、齐文香、王景新等剪纸艺术家，剪纸作为一种群众喜闻乐见的民间艺术门类在新时期焕发着新的光彩，产生了大量以葫芦为题材的优秀作品。

马松林受家庭影响，自幼喜爱剪纸，热心于剪纸的创作与组织。他是葫芦岛市民间文艺家协会主席，辽宁省剪纸学会常务副会长，文化部中华剪纸艺委会副秘书长。马松林的剪纸多以民俗为题材，以表现民间剪纸中吉祥动物居多，如已出版的剪纸集《百鸡图》《百鱼图》《百虎图》以及宝葫芦系列的剪纸作品。其作品或写实、或夸张，形象生动，寓意深刻。马松林重视中国剪纸文化的传承与保护，多次参加国内的剪纸艺术展览与比赛，还将葫芦岛剪纸艺术带出国门。

2007 年 3 月，葫芦岛龙港剪纸被列入葫芦岛市第一批非物质文化遗产名录。龙港剪纸产生于葫芦岛市龙港区，代表人物是王景新。王景新的剪纸技法由家族长辈传承而来，作品内容有人物、动物、花草、葫芦等，体现了民间文化内涵。

马松林　剪纸　长 26 厘米　宽 20 厘米

王景新　剪纸　长 32 厘米　宽 18 厘米

第四章

中国·葫芦岛国际葫芦文化节

第一节　中国·葫芦岛国际葫芦文化节综述

自2005年以来，葫芦岛市已圆满举办了七届中国·葫芦岛国际葫芦文化节。

中国·葫芦岛国际葫芦文化节是葫芦岛市打造葫芦文化品牌，向世界传播葫芦文化的重要载体，也是全球第一个以葫芦文化为基调的大型文化节庆活动。历届中国·葫芦岛国际葫芦文化节以葫芦为媒，以文化为题，全面弘扬葫芦文化，大力促进葫芦产业与文化产业的深度融合，已成为葫芦文化与国际文化交流及经贸合作的桥梁和纽带。

中国·葫芦岛国际葫芦文化节始终坚持有看点、有品位、有文化、有创意、有市场、有前景、有影响、有动力的活动宗旨，围绕“小葫芦、大文化、大产业”做文章。具体内容主要包含开幕式、闭幕式、多样化的文艺演出、民俗展演、精品葫芦展览、葫芦工艺品评比与颁奖活动以及葫芦文化专家论坛、葫芦产业经贸洽谈等等。每届葫芦文化节都会安排极具关东特色的各项活动，每一次葫芦文化节较比往届都会推陈出新，宣传力度和活动规模、活动质量都在不断提升。葫芦岛的葫芦节不仅已成为丰富当地群众文化生活的一次大型活动，扩大了葫芦岛市的知名度和影响力，同时也极大地增强了葫芦文化的社会基础，繁荣了社会经济，提升了城市文化品味，实现了经济效益和社会效益双丰收。尤其是全国各地葫芦文化专家学者的理性指导和葫芦文化爱好者面对面的深入交流，对丰富葫芦文化内涵，弘扬葫芦文化，促进共同发展都起到了十分重要的作用。

中国·葫芦岛国际葫芦文化节也吸引了世界各地众多葫芦爱好者的目光。美国葫芦协会、日本爱瓢协会以及韩国、加拿大、法国、突尼斯、俄罗斯等多个国家的葫芦爱好者先后多次参加，扩大了葫芦文化的国际影响力。

中国·葫芦岛国际葫芦文化节自 2014 年第五届起，由两年或三年一届改为一年一届。历届葫芦岛国际葫芦文化节都得到中共葫芦岛市委、市政府的高度重视。市委宣传部、市文化局、市旅游局和龙港区人民政府等单位对盛会实施直接领导或指导，辽宁宏业集团投资的葫芦山庄文旅集团有限公司和葫芦岛葫芦协会具体承办，每届葫芦文化节历时三至八天。

第二节　历届中国·葫芦岛国际葫芦文化节

一　第一届中国·葫芦岛国际葫芦文化节

（一）活动概况

首届中国·葫芦岛国际葫芦文化节于 2005 年 8 月 18 日至 21 日在葫芦山庄举办。本届葫芦节以葫芦为媒，以文化为题，大力促进葫芦产业的发展与葫芦文化的弘扬，使葫芦文化的宣传弘扬开始走上了更加广阔的空间。同时也通过文化搭台、经济唱戏，广交朋友，弘扬民族文化和关东地域文化，为葫芦岛市加强与国内外经贸合作，打造城市品牌，推动文化事业和旅游文化产业的发展起到了良好的助推作用。本届文化节共有六大主题活动，国内二十几个省、市、自治区的葫芦文化界知名人士及美国加州葫芦协会的葫芦爱好者和韩、日等十几个国家和地区的国际友人参加了盛会。期间举办了葫芦文化论坛、国际葫芦文化大使“葫芦仙女”评选和“葫芦王”“葫芦之最”等葫芦文化艺术品展览展评、拍卖活动；举办的百人共绘葫芦长卷表演创吉尼斯纪录，还有葫芦美食节、葫芦文化之旅等系列文化活动。首届葫芦文化国际研讨会上，来自各国的专家和学者在会上发表了多篇葫芦研究论文，讨论了葫芦文化发展、葫芦的药用文化、葫芦艺术加工与发展以及葫芦产品的资源与开发等课题。首届葫芦节获得圆满成功。

开幕式上的领导嘉宾为葫芦节剪彩

第一届中国·葫芦岛国际葫芦文化节日程安排	
活动主题	友好·交流·发展
活动时间	2005年8月18日—21日
活动地点	葫芦岛葫芦山庄
8月18日	上午：渡水腰舟表演
	下午：中国·葫芦岛国际葫芦文化节预备会议
	晚上："情系仙岛，乐在山庄"篝火晚会
8月19日	1. 国际葫芦文化节开幕式
	2. "风从东方来"大型表演
	3. 葫芦美食节
8月20日	1. 圣水湖垂钓赛
	2. 葫芦文化论坛
8月21日	上午
	1. "葫芦缘、祥和梦"名家葫芦绘画
	2. "葫芦娃"百米长卷葫芦绘画
	下午：闭幕式颁奖晚会

（二）媒体反响及精彩集锦

首届国际葫芦文化节的举办吸引了中央电视台、中国文化报、辽宁电视台、辽宁日报、辽沈晚报、香港画报、葫芦岛电视台、葫芦岛广播电台、葫芦岛日报、葫芦岛晚报等多家媒体关注。

开幕式上东方武术学校带来的演出

二　第二届中国·葫芦岛国际葫芦文化节

（一）活动概况

2007年8月19日至21日，第二届中国·葫芦岛国际葫芦文化节如期举办。期间召开了中国葫芦文化学术研讨会，葫芦种植技术、葫芦工艺品加工技术研讨会，中国各地葫芦协会座谈会，旅游商品、葫芦工艺品展销会，葫芦作品书画摄影展及百名葫芦娃百米长卷绘画等一系列文化活动。第二届国际葫芦文化节期间有来自国内外的经济学家、知名学者、文化名人、国际葫芦友人莅临参加，共同探讨葫芦产业、葫芦文化的发展与民俗文化、旅游文化产业发展及促进经贸合作等文化理论与学术研讨。

本届中国葫芦文化学术研讨会确认葫芦是世界上最古老的农作物之一，其生长历史可以追溯到一两万年以前的南美秘鲁。确认葫芦作为祭器、容器、食物等用品在人类社会早期的日常生活中即已发挥着重要的作用，如关于葫芦的种植和利用，早在《论语》中就记载有孔子的弟子颜回“一箪”饭、“一瓢水”的故事。会议指出：葫芦文化的传承与发展依托于葫芦种植、加工技术的创新和发展，正是由于葫芦种植与加工技艺的源远流长，及其与民众生活的息息相关，才形成了独具魅力的葫芦文化。研讨会上还具体详细地阐述了葫芦工艺品研制及种植加工技术等。

第二届中国·葫芦岛国际葫芦文化节日程安排	
活动主题	友好·交流·发展
活动时间	2007年8月19日—21日
活动地点	葫芦岛葫芦山庄
8月19日	上午：
	1. 开幕式
	2. 辽西五市及赤峰美术、书法、摄影展剪彩
	3. 旅游纪念品、葫芦工艺品展销会
	下午：
	1. 渡水腰舟表演
	2. 各地葫芦协会座谈会
	3. 参观葫芦山庄各景点
8月20日	中国葫芦文化学术研讨会（全天）
	上午：百名葫芦娃画葫芦
	下午：评选葫芦工艺品最佳创意奖、最佳工艺奖
8月21日	上午：召开葫芦种植技术、葫芦工艺品加工技术研讨会
	下午：
	1. 闭幕式
	2. 颁发葫芦工艺品最佳创意奖、最佳工艺奖
开幕式、闭幕式设有大型文艺演出，每晚七点名角“魏三”大舞台演出，每晚举行篝火晚会	

（二）媒体反响及精彩集锦

开幕式秧歌开场舞

百名葫芦娃画葫芦

三 第三届中国·葫芦岛国际葫芦文化节

（一）活动概况

2009年8月9日至16日，第三届中国·葫芦岛国际葫芦文化节在葫芦岛葫芦山庄举办，本届葫芦节历时八天，是目前为止时间最长的一届。第三届国际葫芦文化节以“魅力葫芦岛，葫芦狂欢季”为主题，举行了烟花晚会、红色经典专场演出、古韵悠扬专场演奏等精彩活动。此次节庆的节目形式丰富多样，既有传统的戏曲表演，又有颇具特色的民族特技。整个葫芦节充满了热烈、欢快的气息。

中国民协副秘书长赵铁信，葫芦岛市委副书记阎生，辽宁省人大常委会副秘书长王景兰，葫芦岛市委常委、宣传部部长钱福云，葫芦岛市人大常委会副主任姜淑艳，葫芦岛市副市长刘宁绥，葫芦岛市政协副主席杜同宝，原葫芦岛市委书记、市人大常委会主任、葫芦岛葫芦协会名誉会长胡国庆，辽宁省文联副主席洪兆惠，辽宁省民协副主席夏秋等有关方面的领导以及来自英国、挪威、加拿大等国家和全国各地的民俗文化和葫芦文化的专家学者、葫芦爱好者100多人参加了开幕式。

洪兆惠在开幕式上致贺词，钱福云讲话并宣布葫芦文化节开幕。开幕式后，在福禄广场上举行了大型民俗文艺表演。葫芦岛市艺术团表演的舞蹈《好日子》喜庆欢快，曹庄中学的独轮车表演生动活泼，抚顺八旗风满族艺术团的满族民俗节庆舞、绥中县太平鼓等节目给观众带来耳目一新的感受。而辽宁海城市民间高跷秧歌艺术团表演的海城高跷《强劲的东北风》热烈、粗犷、奔放的表演令人震撼，博得了观众们的阵阵喝彩。在福禄长廊下，百名葫芦娃挥毫泼墨，在100多米的画卷上画出了形态各异的葫芦。

此次国际葫芦文化节期间还举办了以葫芦为题材的书画、摄影、剪纸、楹联展，大型葫芦工艺品评选，中国葫芦产业、葫芦工艺、葫芦种植交流会，大型葫芦工艺品与旅游纪念品展销会。

本次盛会期间，中国民间文艺家协会为葫芦岛市与葫芦山庄颁发了

"中国葫芦文化之乡""中国葫芦文化博物馆""中国关东民俗博物馆"的证书，并举行授牌仪式。这是对葫芦岛市多年来弘扬葫芦文化、打造葫芦文化之乡和发展特色旅游的肯定与褒奖。

第三届中国·葫芦岛国际葫芦文化节日程安排	
活动主题	友好·交流·发展
活动时间	2009年8月9日—16日
活动地点	葫芦岛葫芦山庄
8月9日	上午：
	1. 百名葫芦娃画葫芦
	2. 开幕式及大型民俗文艺表演
	3. "中国葫芦文化之乡""中国葫芦文化博物馆""中国关东民俗博物馆"受匾仪式
	葫芦岛市旅游产品展示会（全天）
8月10日	上午：
	1. 渡水腰舟表演
	2. 葫芦工艺品评比会
	下午：
	葫芦种植、葫芦工艺、葫芦产业发展经验交流会
8月11日	上午：葫芦工艺品评比会并颁奖
8月12日	宝葫芦趣味运动会（全天）
8月16日	上午：闭幕式及文艺演出
文化节期间（全天）	1. 葫芦工艺品、旅游纪念品展销会
	2. 美术、书法、摄影、剪纸、楹联展
	3. 葫芦美食节
	4. 文艺演出（每天上、下午）
	5. 篝火晚会（每晚19：30）

（二）媒体反响及精彩集锦

开幕式大型文艺表演

葫芦工艺品获奖嘉宾合影

葫芦种植、葫芦工艺、葫芦产业发展经验交流会参会人员合影

四　第四届中国·葫芦岛国际葫芦文化节

（一）活动概况

2013年8月9日至11日，第四届中国·葫芦岛国际葫芦文化节在葫芦山庄成功举办。葫芦山庄所在地葫芦岛市龙港区，以葫芦节为平台，以葫芦文化为纽带，以“海上传奇、福禄龙港”为主题，以“展示龙港形象、打造旅游品牌、扩大对外开放、促进经济发展”为宗旨，通过环渤海旅游论坛，葫芦工艺品展销会，旅游产品展销会，葫芦工艺品最佳工艺、最佳创意大赛，葫芦工艺品商贸洽谈会等一系列丰富多彩的活动，向世人展示了一个文明开放、美丽富饶、和谐幸福的新龙港。

除葫芦文化专家学者及工艺大师外，第四届中国·葫芦岛国际葫芦文化节还邀请到知名专家周久财（国家旅游局政策法规司副司长）、李明德（中国社会科学院旅游研究中心副主任，中国休闲旅游文化研究中心主任），国内旅游界知名企业代表，以及国内近200家葫芦种植与加工企业代表参加。

葫芦岛市所处的环渤海经济圈是中国北方地区重要的经济引擎，随着滨海大道的开通和辽宁省五点一线战略的深入实施，环渤海沿线各地区已成为经济界关注的焦点。周久财、李明德及德安杰环球顾问集团总裁贾云峰先后做主题演讲。专家们重点研讨环渤海沿线在中国北方文化旅游发展中的战略定位、市场定位、产品定位以及区域性市场资源整合等议题。提议以政府为主导，以行业协会为平台，以旅游企业为主体，启动跨区域市场营销合作，把环渤海经济圈建成国内海洋创意文化旅游产业的先导区。

开幕式

第四届中国·葫芦岛国际葫芦文化节日程安排	
活动主题	海上传奇、福禄龙港
活动时间	2013 年 8 月 9 日—11 日
举办地点	葫芦岛葫芦山庄
8 月 9 日	1. 开幕式及大型文艺演出
	2. 首届环渤海文化旅游发展论坛
	3. 第四届国际葫芦工艺品展览会（全程）
	4. “碧海情——龙港之夜”消夏晚会
8 月 10 日	1. 渡水腰舟表演
	2. “说家乡画家乡游家乡”活动
	3. 第四届中国葫芦文化与产业发展研讨会
	4. “关东情”东北二人转专场晚会
8 月 11 日	1. 葫芦工艺品评奖活动
	2. 葫芦文化节闭幕仪式及颁奖活动

（二）媒体反响及精彩集锦

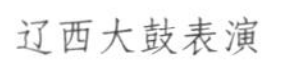

辽西大鼓表演

百名葫芦娃画葫芦

五　第五届中国·葫芦岛国际葫芦文化节

（一）活动概况

2014年8月9日至13日，中国·葫芦岛第五届国际葫芦文化节成功举办。文化节以葫芦文化为纽带，以“海上传奇、福禄龙港”为主题，以“展示龙港形象、彰显旅游品牌、扩大对外开放、促进经济发展”为宗旨，向国内外推介葫芦岛市和葫芦文化。

通过葫芦工艺品展销会，旅游产品展销会，百名葫芦娃现场绘画，葫芦工艺品最佳工艺评比、最佳创意大赛，葫芦工艺品商贸洽谈会等系列活动，充分展示了葫芦文化底蕴和特色品牌。文化节期间还举办了葫芦仙子儿童风采才艺大赛，葫芦种植、加工、营销研讨会，以“参与、健康、娱乐、和谐”为主题，涵盖了射箭、回娘家、比武招亲等多个比赛项目的民俗趣味运动会等活动，集中体现了民俗风情和趣味活动的娱乐性。在充分释放葫芦文化魅力的同时，向世人展示了一个开放文明、美丽富饶、和谐幸福的葫芦岛。

此次葫芦文化节有国内外葫芦文化专家，葫芦文化爱好者，国内多家葫芦种植加工企业及旅游界相关企业、旅行社代表近500人参加。

会议期间召开的葫芦种植、加工研讨会，讨论研究了目前葫芦种植与相关文化产业的循环瓶颈，导致竞争加剧等葫芦文化产业面临的实质性问题，探讨了如何利用国家的相关资金扶持政策更好更快地发展葫芦文化产业等问题。

文化节期间还举行了龙港区文化旅游发展论坛。中城智慧城市建设研究会秘书长李建平、北京交大旅游系主任张辉等嘉宾，就龙港区区域旅游发展定位、城市智慧旅游与市场营销等问题提出了具体建议。

第五届中国·葫芦岛国际葫芦文化节日程安排	
活动主题	海上传奇、福禄龙港
活动时间	2014 年 8 月 9 日—13 日
活动地点	葫芦岛葫芦山庄
8 月 8 日	上午：
	1. 葫芦岛市景区风光摄影大赛评比会
	2. 航模表演（福禄广场）
	下午：
	1. 开幕式暨大型文艺演出
	2. 百名葫芦娃画葫芦展演
8 月 9 日	上午：渡水腰舟表演
	下午：龙港区文化旅游发展论坛
8 月 10 日	上午：
	1. 风筝展示（福禄广场）
	2. 葫芦工艺品最佳工艺、最佳创意作品评比会
	下午：
	1. 葫芦种植、加工、营销研讨会
	2. 葫芦种植、工艺品开发经贸洽谈会
8 月 11 日	1. 葫芦工艺品竞拍大会
	2. 民俗竞技运动会
8 月 12 日	关东风情文艺节目展演（全天）
8 月 13 日	1. 闭幕式
	2. 景区风光摄影大赛颁奖仪式
	3. 闭幕式大型文艺演出
文化节期间	1. 第五届特色旅游工艺品展销会
	2. 消夏篝火晚会（每晚 19：30—21：00）

（二）媒体反响及精彩集锦

文化旅游发展论坛嘉宾合影

葫芦工艺品评奖活动

六　第六届中国·葫芦岛国际葫芦文化节

（一）活动概况

2015 年 7 月 18 日至 25 日，第六届中国·葫芦岛国际葫芦文化节成功举办。40 多位中外葫芦文化专家学者莅临盛会，来自北京、天津、山西、河北、山东、上海、哈尔滨、沈阳、铁岭、锦州等 15 个省、市的 50 多位国内著名的葫芦工艺大师，携带大量的葫芦工艺品云集葫芦山庄，通过文化节的交流平台，为葫芦文化的传承和发展，又增添了一抹绚丽的色彩。

葫芦山庄成为名副其实的葫芦之家——景区种植了一万多株葫芦，从国内外甄选了 11 个珍稀品种，成功地培育了几百盆盆景葫芦。文化节期间举办的葫芦工艺品大赛，有 2 万余件葫芦工艺品参评，作品中既有工艺技术极佳的珍品，更不乏极具创意的新作。组委会力求通过这些文化交流研讨活动，真正让葫芦文化得以发扬光大，将葫芦的种植、特色工艺品开发与相关文化产业联动起来，把小葫芦做成大产业，让葫芦这一福禄的美好寓意真正惠及广大民众。

葫芦产业座谈会是本届葫芦节期间的一项重要活动。著名剧作家何庆魁、曲阜大学副校长扈鲁教授、天津葫芦协会副会长刘军、山东葫芦协会郝洪燃、山西葫芦协会陈胜、辽宁葫芦工艺大师赵莉等众多专家、学者及葫芦工艺爱好者在会上做了发言。会议主要议题：(1) 如何把葫芦文化发扬光大，真正实现“小葫芦、大文化、大产业”，使葫芦文化与产业紧密关联，实现最佳的产业价值。(2) 如何研发、创作、加工具有本地特色的旅游纪念品、创意工艺品、定制化礼品，提高葫芦工艺品在葫芦岛旅游纪念品系列中的地位与品牌影响力。(3) 如何集中全国各地葫芦协会及葫芦大师的智慧与力量，共同谋划与成立“中国葫芦协会”，使葫芦文化、葫芦产业组织力量更强大，影响更深远。

盛会期间，16 位葫芦工艺大师将各自精心制作的葫芦精品捐献给本届葫芦节组委会，收藏于中国葫芦文化博物馆。葫芦大师的慷慨相赠，不仅丰富了葫芦文化博物馆的馆藏，让全国各地游人观赏到巧夺天工的精美葫芦工艺品，更体现出各位大师对葫芦岛和葫芦山庄打造世界葫芦文化中心地的高度支持。葫芦精品捐赠成为本次文化节中的抢眼亮点。

<table>
<tr><th colspan="2">第六届中国 · 葫芦岛国际葫芦文化节日程安排</th></tr>
<tr><td>活动主题</td><td>海上传奇、福禄龙港</td></tr>
<tr><td>活动时间</td><td>2015 年 7 月 18 日—25 日</td></tr>
<tr><td>活动地点</td><td>葫芦岛葫芦山庄</td></tr>
<tr><td rowspan="6">7 月 18 日</td><td>上午：</td></tr>
<tr><td>1. 开幕式暨大型文艺演出</td></tr>
<tr><td>2. 神笔画葫芦（儿童绘画）</td></tr>
<tr><td>下午：</td></tr>
<tr><td>1. 渡水腰舟表演</td></tr>
<tr><td>2. 葫芦产业研讨会暨葫芦拍卖大会</td></tr>
</table>

续表

7月19日	1. 葫芦书画展示（含诗词、楹联）
	2. 葫芦形风筝展评（全天）
7月25日	1. 泳博会爱上葫芦节
	2. 闭幕式
7月18日—25日	1. 精品葫芦展
	2. 喜羊羊与灰太狼嘉年华
葫芦节期间	1. 葫芦山庄景区代言人征集、葫芦岛旅游宣传美文征集
	2. 消夏篝火晚会（每晚19：30—21：00）

（二）媒体反响及精彩集锦

本届葫芦文化节吸引了中国网、腾讯大辽网、凤凰辽宁、中国广播网、葫芦岛百姓生活圈、3158展会网、和讯网、客家新闻网、华龙网、人民网、新华网络电视、葫芦岛晚报、民心网、爱西柚网、腾讯视频、葫芦岛广播电视网、葫芦岛新闻综合广播网、光明地方网、中工网、央广网、中国网络电视台（CNTV）、新闻评报网、新华电信宽频网、葫芦岛新闻网、

葫芦工艺品评选会嘉宾合影

葫芦岛在线、中国工业网、建昌家园网、大庆网、辽青网、绥中网、葫芦岛房地产网、高要文化网、新浪财经网、唯久贸易网、感动民心频道、同城会、微生活、微时代、美团、大众点评等40个媒体平台的报道。

七 第七届中国·葫芦岛国际葫芦文化节

（一）活动概况

2016年7月8日至10日，第七届中国·葫芦岛国际葫芦文化节圆满举办。本届葫芦文化节由中共葫芦岛市龙港区委、龙港区人民政府主办，中共葫芦岛市委宣传部、葫芦岛市文化广播新闻出版局、葫芦岛市旅游发展委员会、葫芦岛市文学艺术界联合会为指导单位，葫芦岛市葫芦协会、辽宁葫芦山庄文化旅游有限公司承办。

葫芦岛市委书记孙轶，市委常委、宣传部部长石文光，市人大副主任姜淑艳，市政府副市长谭亚静等市委、市政府领导及市直有关部门领导以及龙港区和开发区领导同志到会，北京电影学院院长张会军、曲阜师范大学副校长扈鲁、中国民协副主席曹保明、著名剧作家何庆魁、辽宁民俗协会会长杨太、辽宁省民协秘书长刘蕾、辽宁省工艺美术品协会理事长石洪祥等也出席了开幕式。

中国葫芦协会成员合影留念

第七届盛会以葫芦文化节为纽带，以弘扬葫芦岛文化为宗旨，着力葫芦文化内涵的挖掘和关东民俗的展示。葫芦节开幕式上同步举办北京电影学院教学、创作、实践基地及曲阜师范大学扈鲁教授葫芦画社落户葫芦山庄揭牌仪式。孙铁、张会军为北京电影学院教学、创作、实践基地落户葫芦山庄揭牌；石文光、扈鲁为葫芦画社落户葫芦山庄揭牌。

北京电影学院表演学院的学生在开幕式后献上一场精彩演出，这些明日之星为本届葫芦节增添了一道难得一见的风景线。葫芦节期间，景区在常规的绣楼招亲、特技表演、京东大鼓、二人转等精彩演出基础上，邀请了本山传媒公司重量级明星张小伟、张小飞、陈昆仑等人友情演出。闻名遐迩的吴桥杂技马戏团也带来了火之舞、巧爬酒坛、高台定车、气功特技、狮虎钻圈、老虎过天桥、狗熊跳绳等30多个精彩节目，演出娱乐互动场场都是人气爆棚，笑声不断。

来自全国30多个城市的葫芦协会的100多名葫芦大师带着三万多件创意十足的葫芦产品参展，其中一万多件属于精品葫芦。特色文化工艺品展销、特色旅游商品展销、葫芦山庄特色葫芦园、葫芦文化专家讲座、葫芦工艺品评选及展销、葫芦娃神笔画葫芦比赛、“渡水腰舟”展演等一系列活动，让人们进一步融入葫芦文化，夯实了葫芦文化传承与发展的群众基础。

本届葫芦文化产业专家讲座上，众多专家发表了葫芦文化、葫芦产业主题演讲。天津南开大学教授、民俗学家孟昭连，演讲了《葫芦工艺品的工艺文化》；曲阜师范大学教授、副校长扈鲁演讲了《葫芦文化的深层解读》；中国民协副主席、吉林省民协主席曹保明演讲了《民俗文化与葫芦文化的有机结合》；辽宁工艺品美术协会理事长石洪祥演讲了《葫芦产业的延伸发展》；最后，葫芦岛市葫芦协会会长、葫芦山庄董事长王国林发表感言。

本届葫芦节期间正式召开中国葫芦协会筹建会，以加快推进形成葫芦文化爱好者共同的精神家园，为国内葫芦文化研究者与爱好者、葫芦产业实业家与从业者搭建更高效的交流互动平台。中国葫芦协会筹建会对发起成立中国葫芦协会的前期工作给予了充分肯定。会议原则通过中国葫芦协会章程草案，会议选举王国林为中国葫芦协会筹备会主任，选举王怀华、左应华、扈鲁、孟昭连、何庆魁为筹备会副主任，选举史兆国等21人为筹备会委员。会议决定筹备会办公地点设在辽宁葫芦山庄，办公室主任由王建平兼任。

本届葫芦工艺品评选共设奖项六种，除工艺品制作类五种奖项之外，第七届葫芦文化节组委会特别设立了“最佳人气奖”。在组委会微信公众平台由公众投票，按决赛作品得票数量依次排序，第一名参赛作品由组委会颁发“最佳人气奖”奖杯及证书。

第七届中国·葫芦岛国际葫芦文化节日程安排	
活动主题	海上传奇、福禄龙港
活动时间	2016年7月8日—10日
举办地点	葫芦岛葫芦山庄
7月8日	1. 开幕式暨北京电影学院教学、创作、实践基地和扈鲁教授“葫芦画社”揭牌仪式
	2. 葫芦文化产业研讨会
	3. 大型文艺表演
	4. 神笔萌娃画葫芦
	5. 马戏团动物表演
	6. 葫芦节消夏晚会
	7. 大师笔会

续表

7月9日	1. 中国葫芦协会成立筹备会
	2. 渡水腰舟表演
	3. 大型文艺表演
	4. 葫芦工艺品评选
	5. 大师作品、葫芦工艺品民俗工艺品展
	6. 葫芦节消夏晚会
7月10日	1. 马戏团动物表演
	2. 渡水腰舟表演
	3. 大型文艺表演
	4. 大师作品、葫芦工艺品民俗工艺品展
	5. 葫芦节消夏晚会

（二）媒体反响及精彩集锦

葫芦岛市委书记孙轶与北京电影学院院长张会军为“北京电影学院教学、创作、实践基地”揭牌

曲阜师范大学副校长扈鲁与葫芦岛市委宣传部部长石文光为“葫芦画社”揭牌

葫芦岛萌娃画家乡

葫芦工艺品展销

第五章

中国葫芦文化博物馆

第一节　中国葫芦文化博物馆综述

葫芦山庄内的中国葫芦文化博物馆是目前国内外面积最大、展品最多、内容最丰富的葫芦文化专题博物馆。2009 年 7 月，中国民间文艺家协会正式命名葫芦山庄的葫芦文化博物馆为“中国葫芦文化博物馆”。中国民间文艺家协会罗杨同志为博物馆题写了馆名，著名葫芦文化研究学者、南开大学教授孟昭连为博物馆撰写了前言。

据考证，我国种植葫芦已有 7000 多年的历史。在古老的传说中，葫芦被认为是中华文明始祖伏羲、女娲的最初栖息之所，在许多文艺作品中也是神圣的法器。民间更是将葫芦看成是普度众生、救人救世的万能工具。

中国葫芦文化博物馆收藏各种工艺、各种样式、各种品类的葫芦展品 3000 余件。仅从收藏物的材质角度看，就涵盖了青铜、陶瓷、琉璃、玉石、金、银、铜、铁、锡、木、竹、绣品等。馆内还收藏了大量以葫芦为题材的字画和带有葫芦形状的石雕、天然玉石等。国内知名书画家王少默、扈鲁、问墨、霍然、魏哲等有关葫芦文化题材的书画作品，葫芦文化论文集，国内外葫芦画册以及葫芦种植、加工方面的书籍在馆内均有收藏。置身于中国葫芦文化博物馆，仿佛进入了一座葫芦文化的伊甸园，不能不由衷感叹葫芦文化的博大精深。

中国葫芦文化博物馆展览根据功能定位，分设序厅和“葫芦与文

化”“葫芦与艺术”“葫芦与自然”“葫芦与生活”“葫芦与民俗”“葫芦与军事”等多个板块，包括16个类别3000多件展品，其内既有产自国内新疆、甘肃、山东、山西、江西、云南、河北、北京、天津、辽宁等省、市、自治区的葫芦工艺品，也有美国、巴西、秘鲁、韩国、日本、南非等国家的葫芦工艺品，可谓中外葫芦珍品汇聚一堂。国内资深葫芦艺人张才日、郝洪燃、郑月巴，韩国艺术家韩京洙等制作的葫芦工艺品都占有一席之地。通过展品陈列，并结合文字图片，系统展示和介绍葫芦文化在中华民族传统文化中的渊源、地位和作用，展藏品的种类、数量及展藏规模都堪称国内之最，是名副其实的葫芦文化艺术殿堂。中国葫芦文化博物馆多有领导、专家、学者、名人参观指导，留下了珍贵以及极具特殊寓意的葫芦签名和作品，让中国葫芦文化博物馆更添色彩。

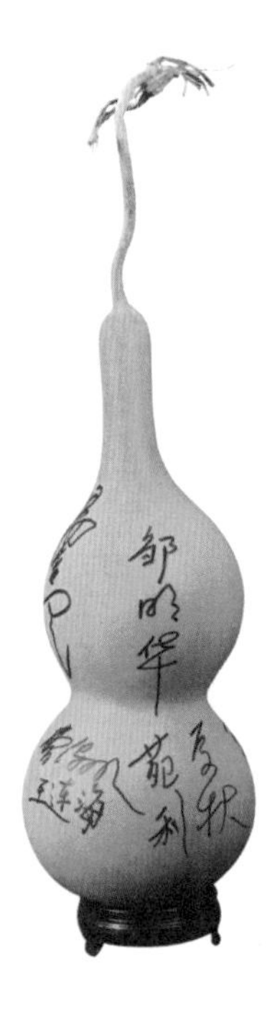

中国民间文艺家协会专家组签名葫芦　高 38 厘米

第七届国际葫芦文化节嘉宾签名葫芦　高 36 厘米

原辽宁省政府副省长、省人大常委会副主任
杨新华签名葫芦　高 35 厘米

陈铎、马德华、李光曦等集体签名葫芦　高 38 厘米

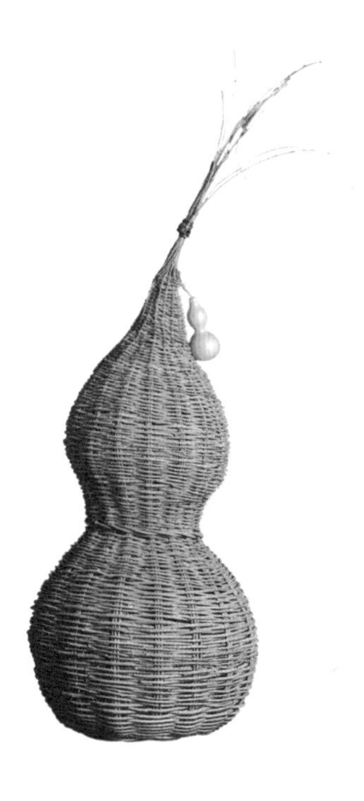

何庆魁草编葫芦　高 87 厘米

何庆魁草编葫芦　高 77 厘米、50 厘米

中国葫芦文化博物馆的创建，在某种意义上代表着中国葫芦文化及其相关产业发展水平达到了一定的历史高度。2009 年 6 月，中国民间文艺家协会专家组成员在走出博物馆的一刻，连连发出几个“没想到”的慨叹，表达对博物馆创建工作的肯定。著名学者、中国文联研究员刘锡城对博物馆给予很高评价。众多参观者把在葫芦岛市葫芦山庄看葫芦、赏葫芦、了解葫芦文化既当作一种葫芦艺术欣赏的契机，也当作是一次难忘的文化之旅。

第二节　中国葫芦文化博物馆分区形象展示

一　葫芦与生产

古代人们生产生活用品并没有现在健全，人们发挥自己的想象，结合自然的作物制作必要的生产生活用品。而葫芦就是其中最具实用功能的自然瓜果，葫芦独特的形状、材质方便人们把它应用到各个方面。

葫芦与农业：点种葫芦又叫葫芦播种器，是北方旱田耕种工具，在葫芦底部开一方形小孔，掏空内瓤，倒置，在葫芦柄处凿开小口，内盛谷种口朝向垄沟，边走边敲，种子均匀播下。

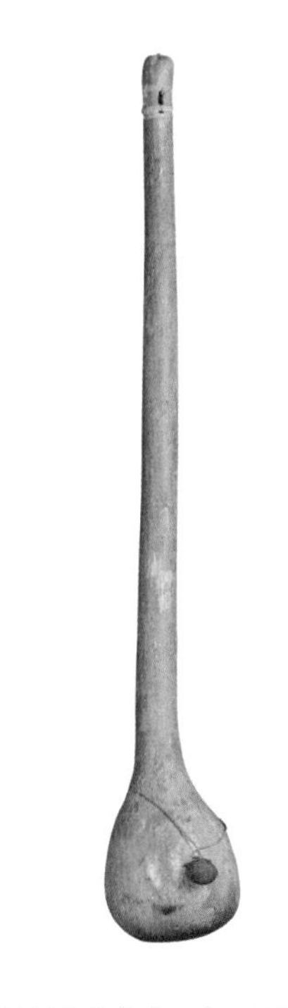

长柄点种葫芦　高 109 厘米

二　葫芦与生活

在中国古代，葫芦有多种叫法，“瓠”“匏”“壶”“甘瓠”“壶卢”“蒲卢”。葫芦谐音是“护禄”和“福禄”，形状喜人，再加上其实用性，深受人们欢迎，广泛被使用在生活的各个方面。作为美好寓意的装饰品，护佑着人们福禄吉祥、平安如意。

1. 葫芦与服饰

佩饰：作为吉祥符号，古代人们经常将发簪、耳坠、手镯、戒指等佩饰制作成葫芦形，外形精致、美观、大方，寓意吉祥。

宝珠葫芦饰发簪　长 7 厘米　民国

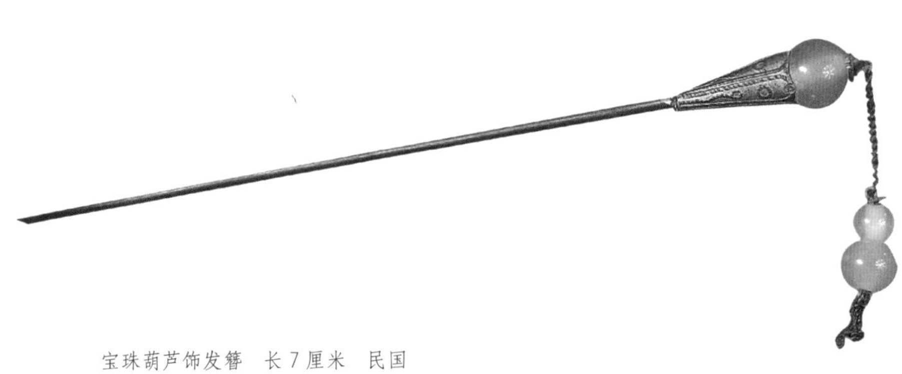

宝珠葫芦饰发簪　长 7 厘米　民国

银葫芦形掐丝发簪　高 2 厘米

银鎏金葫芦纹戒指　高 2 厘米

肚兜：如民国女子肚兜上绣的葫芦纹，下部葫芦亚腰处绣纹重叠，暗喻阴阳交合，表明女子已婚身份。

葫芦纹肚兜　高 36 厘米

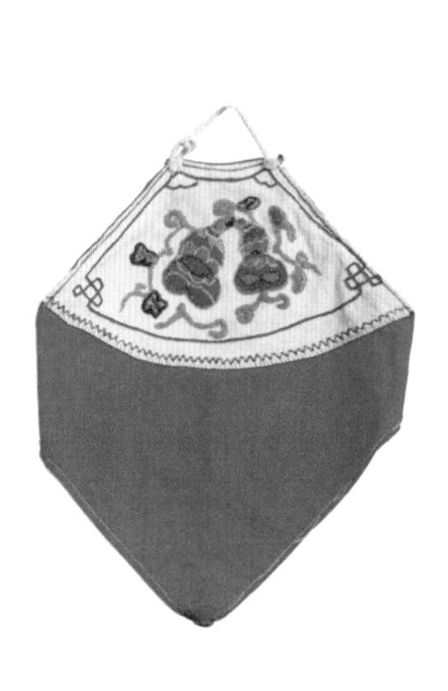

葫芦纹肚兜　高 37 厘米　民国

葫芦形扣襻肚兜　高 40 厘米

香囊：香囊是古代人随身佩戴的小饰件，内装香料。把香囊做成葫芦形，表达了人们对吉祥美好生活的期盼与向往；或直接利用葫芦制作成桃形、如意形、石榴形香囊，取材简单，做工精美。

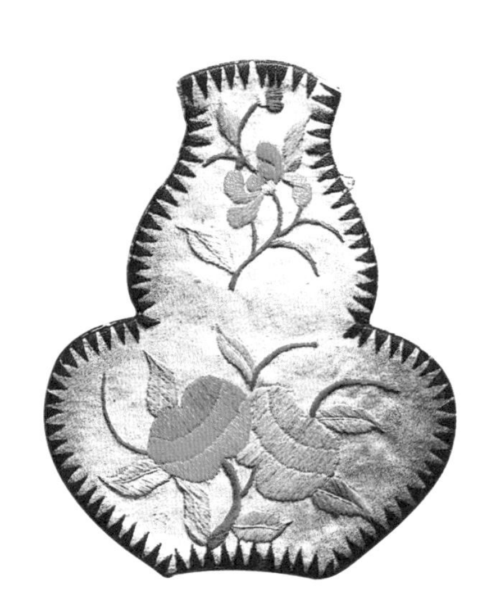

事事如意香囊　高6厘米

锦上添花香囊　高6厘米

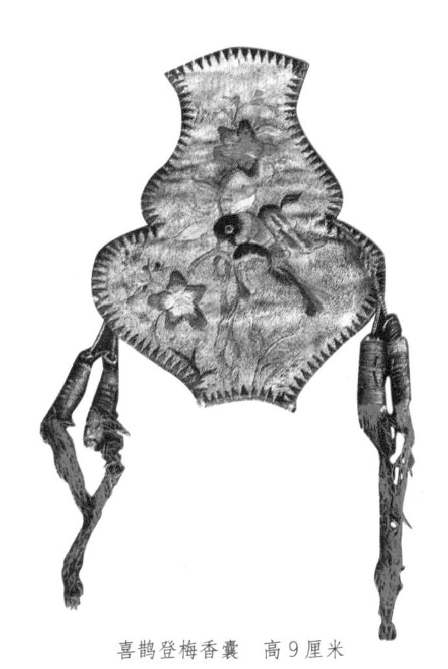

喜鹊登梅香囊　高9厘米

花开富贵香囊　高7厘米

暗八仙纹香囊　高5厘米　清代

枕头顶刺绣：满族的枕头通常是长方体，带有刺绣的枕头顶位于枕头的两侧。枕头顶刺绣是东北民间的传统手工艺和特色艺术遗产。中国葫芦文化博物馆内“三壶报春”枕头顶以满族八旗中的蓝色为底。“三壶报春”是民间喜闻乐见的吉祥题材，古人认为海上有三山，一曰方壶，即方丈；二曰蓬壶，即蓬莱；三曰瀛壶，即瀛洲，形如壶器。三神山都以葫芦的“壶”命名，是神仙的栖息之地。

“三壶报春”枕头顶　高7厘米　民国

针扎：民间女子不做针线活时将针放在针扎上保存，同时也可避免伤及他人。把针扎做成葫芦形，不仅外形轻巧美观，而且寓意吉祥。

葫芦形针扎　高12厘米　民国

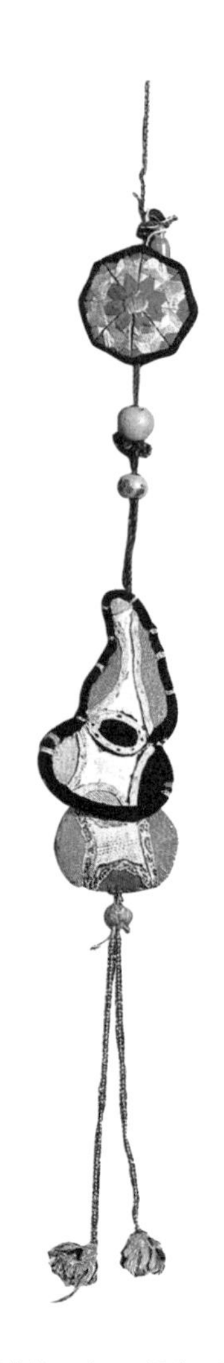

葫芦形针扎　高12厘米　民国

2. 葫芦与饮食

葫芦食器：葫芦头选皮壳坚厚者，于柄处开口，内贮鸡蛋，乃旧时居家常备用具。

葫芦头　高 28 厘米　腹径 30 厘米

酒葫芦：以皮质厚实、紧凑、结实耐用的葫芦经刮皮处理制作而成。我国很多文学作品中的文人侠客，都用酒葫芦装酒。酒葫芦也是众多神话故事中寓意福禄吉祥的代表物。《水浒传》里林冲大雪天“花枪挑着酒葫芦”打酒吃；八仙过海的铁拐李每每出行，身上总带着一个酒葫芦，还有太上老君、济公的酒葫芦等等，实际上酒葫芦已经成为非常富有象征意义的一个物件。

葫芦茶具：包括用葫芦这种材质做成的各种茶具和采用瓷器等制成的葫芦形状的茶具。其中葫芦形茶具比较常见，它依托厚重的茶文化，并将葫芦文化融入其中，使人在饮茶时既有养生之功效，也寓含着福禄长寿之意。中国葫芦文化博物馆中还藏有一件葫芦形砖茶。砖茶一般呈砖状、饼状，做成葫芦形并不多见，虽不如方砖形易于保存，但寓意福禄，增加了其工艺性和艺术效果。

葫芦形砖茶　高 23 厘米

葫芦水器：把葫芦剖开两半，掏空里面的籽和瓤，晾干后空壳用来盛水，农村地区较常用。也有农家将小葫芦切半当水勺用的。歇后语里有“一个葫芦锯两个瓢——一对儿”“葫芦里盛水——滴水不漏”，都形象地描写了葫芦的容器之用。

3. 葫芦与居住

成熟葫芦中的葫芦籽特别多，所以葫芦也被大家看作是多子多孙的代表物，葫芦样式蚊帐挂钩，既美观，又寓意着多子多孙。

小儿尿壶选亚腰葫芦，柄端截去二分之一，用以盛接童子尿。

葫芦形紫砂壶　高 14 厘米

三　葫芦与艺术

长久以来，葫芦作为一种较为实用的自然瓜果，已广泛应用到生活之中，但人们并不满足其实用性，历经时代淘选，葫芦以其美好的代表寓意逐渐从生产生活渗透到艺术领域，人们赋予它新的灵性和艺术生命，期盼着风调雨顺、福禄安康，使得葫芦这个自然瓜果更增添了人文的内容，并应用到艺术创作的各个方面，形成了独特的流派。

青椒葫芦　高 7 厘米

1. 天然葫芦

葫芦包含着福禄的寓意，千姿百态的原生葫芦让大家爱不释手，其本身就是一种天然的工艺品，有众多爱好者收藏。

红色大亚腰葫芦（清代），柄端钻孔，高 30 厘米，下腹径 13 厘米，

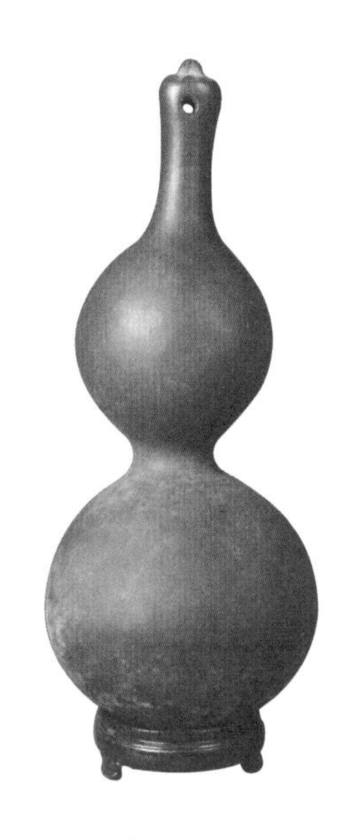

红色大亚腰葫芦　高 30 厘米　清代

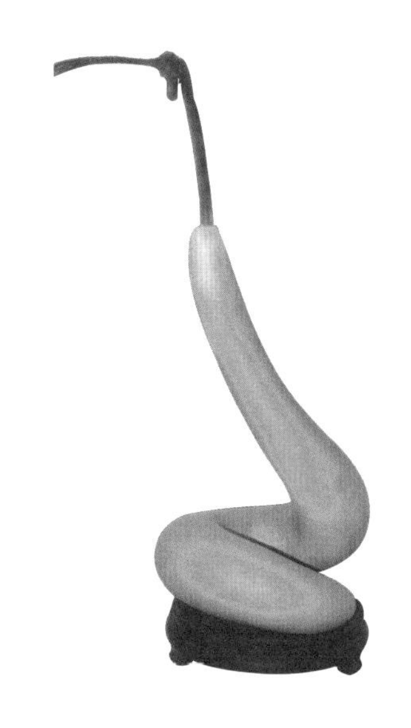

棒葫芦　高 28 厘米

红中透紫，历世已逾百年。

棒葫芦，高 28 厘米，生长中发生自然扭曲，其形态非人力所及。

2. 葫芦剪纸

剪纸是中国古老的传统民间艺术，历史悠久，风格独特，题材多样，人物、鸟兽、花木、文字等都可作为剪纸纹样，这当中就包含了葫芦。葫芦代表多子，人从瓜生的创世观、葫芦祈子的内容，在民间剪纸中得到广泛的表现。

王景新的“盎然生机”在大亚腰葫芦里有一只小羊站在大羊背上觅食。瓜果飘香，引来一只蝴蝶落在葫芦外面。构图饱满生动有趣。

“抓髻娃娃”，旧时结婚，洞房里到处贴抓髻娃娃，民间称之为喜花，有祈子之意。

3. 雕刻葫芦

葫芦雕刻是指在葫芦、范制葫芦或已裁切成器的葫芦上雕刻各种图案和文字。各种雕刻工艺展现了葫芦多种多样的美妙形态。

抓髻娃娃　长 30 厘米　宽 20 厘米

盎然生机　高 35 厘米

镂刻窗格纹小葫芦　高 7 厘米　民国

透雕寿字纹莲花座葫芦　高 41 厘米

刀刻蝶戏牡丹箩纹葫芦头　高 15 厘米

刀刻葫芦鲤鱼跃波　高 21 厘米

4. 陶瓷葫芦

葫芦形的陶器最早出现在新石器早期，中国葫芦文化博物馆收藏的珍品——席纹陶艺葫芦瓶，是新石器晚期常见的器物，属于素面的一种，纹饰为席纹，构图简单大方，不仅有装水的功能，而且表达了古人对葫芦的崇拜。

席纹陶艺葫芦瓶　高 16 厘米

各个历史时期都有自己独特风格、不同内容、不同工艺的陶瓷葫芦，而清代的陶瓷葫芦不论是工艺，还是生产量都达到了历史的高峰。中国葫芦文化博物馆收藏的葫芦形瓷烛台由三个葫芦组成，主体葫芦

德化瓷金刚葫芦娃　高 22 厘米

德化瓷葫芦仙女　通高 34 厘米

黑釉篆文葫芦瓶　高 33 厘米

洒金釉葫芦瓶　高 37 厘米

胎体厚重，线条粗犷；两个小葫芦悬挂两侧，象征着和谐美满。整体色彩鲜艳，造型新颖，大胆独特，十分少见。

5. 玉器葫芦

我国素有“玉石之国”的美誉，古人视玉为宝，认为玉代表着吉祥、如意、平安。用玉石雕琢葫芦，其内涵结合福禄之意，象征着吉祥、如意。

福禄万代玉雕葫芦摆件　高 24 厘米

福禄万代玉雕葫芦摆件　高 14 厘米

6. 范制葫芦

范制葫芦，又叫模子葫芦、范匏。“范”，就是模具的意思，范制葫芦就是用模具迫使葫芦依照预先设计的样子生长成形。通过花范培育，可获得各种人物、花卉、鱼虫、山水等图案造型的器物。

范制烙画三国人物葫芦笔筒　高 14 厘米

范制猪八戒葫芦摆件　高 13 厘米

范制弥勒佛葫芦摆件　高 4 厘米

范制荷花纹鼻烟壶　高5厘米

范制寿字缠枝纹方瓶　高26厘米

7. 镶嵌葫芦

镶嵌葫芦是葫芦工艺的重要代表，历史悠久，其工艺技法和艺术风格都直接继承和发扬了明清宫廷艺术。从材质上划分有玉石镶嵌、彩石镶嵌、百宝镶嵌等，从工艺上划分主要有平嵌和立体镶嵌。牛角羊骨镶嵌大葫芦是中国葫芦文化博物馆馆藏的镶嵌葫芦中的代表，其黑色镶嵌为牛角，白色镶嵌为羊骨。

银镶嵌蝴蝶纹髹漆葫芦　高 35 厘米

牛角羊骨镶嵌大葫芦　高 50 厘米

8. 彩绘葫芦

彩绘葫芦是烙画葫芦演变出的一种工艺，在葫芦上作画一般用水彩，干了之后用亮漆定色。山水花鸟、生肖、神话人物是葫芦画的常用题材。

彩绘花鸟亚腰葫芦　高 35 厘米

彩绘飞天仙女图葫芦壁挂　高 35 厘米

红漆彩绘描金双鹿葫芦　高 33 厘米

9. 烙画葫芦

烙画葫芦又称火绘葫芦，早在古代宫廷中，就很受欢迎。烙画由火绘改进，原理相同，只是使用工具有差异。火绘用的是烫红的针，而烙画用的是烙铁。烙画葫芦的工艺一般是，葫芦摘下来后自然阴干，构思纹饰布局，用铅笔在上面打稿，再用烙铁烙画，彩笔上色、细描，最后刷清漆、晾干。

10. 葫芦书画

葫芦的“福禄”寓意，让众多书画大师和爱好者把葫芦的美好寓意植入到葫芦书画作品中。

烙画牛首葫芦挂件　高 26 厘米

烙画镶嵌宝石千手观音葫芦　高 68 厘米

11. 葫芦乐器

由于葫芦的形状和天然的音乐属性，人们很早就用它来制作乐器。《周礼·春官·大师》：“皆播之以八音：金、石、土、革、丝、木、匏、竹。”郑玄注：“金，钟镈也；石，磬也；土，埙也；革，鼓鼗也；丝，琴瑟也；木，柷敔也；匏，笙也；竹，管箫也。”笙即是以葫芦为音箱制成的乐器，历史悠久。《新唐书》：“吹瓢笙，笙四管，酒至客前，以笙推盏劝釂。”现今在少数民族地区依然盛行。另外，葫芦还可以制鸽哨，种类很多。

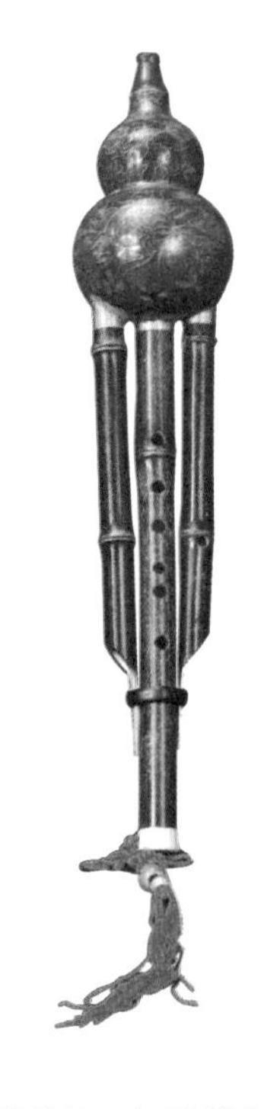

葫芦丝　高 42 厘米

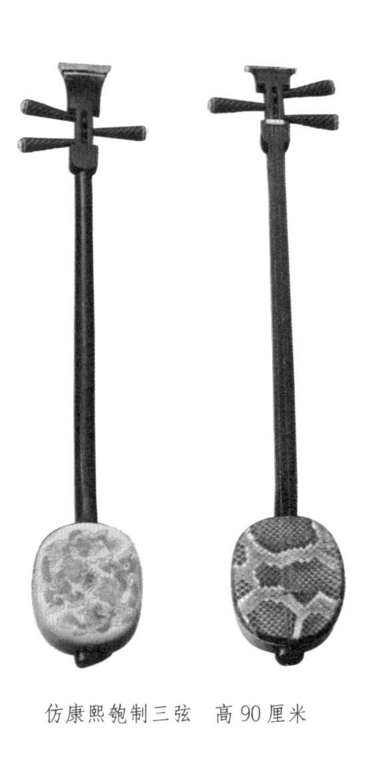

仿康熙匏制三弦　高 90 厘米

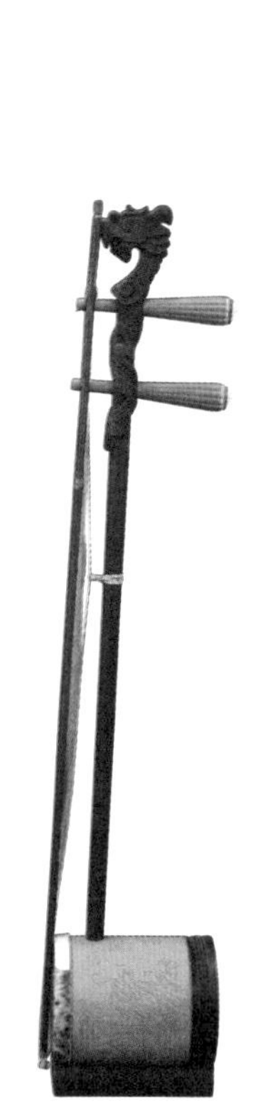

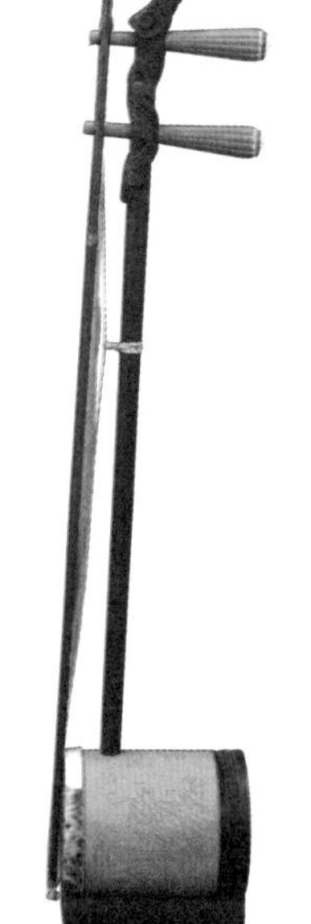

匏制二胡　高 62 厘米

烙画葫芦琵琶　高 69 厘米

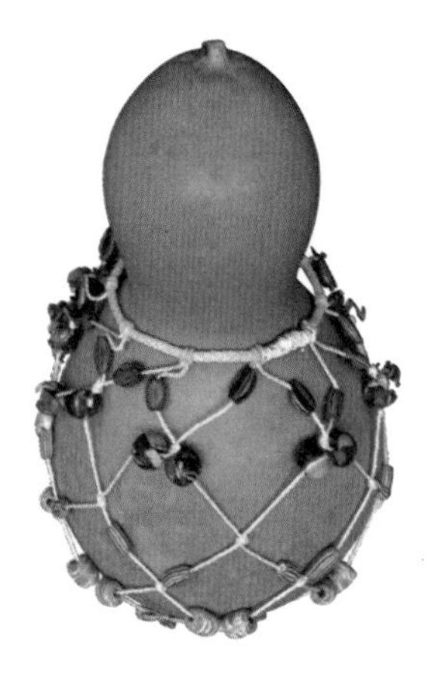

沙锤　高 13 厘米　非洲

象脚鼓葫芦　高 20 厘米　肯尼亚

四　葫芦与民俗

葫芦作为人文瓜果，护佑人们的美好生活。其福禄吉祥、趋吉避凶的丰富信息，植根于民俗沃土，长期在人们的生活中与人相伴。在悠远的历史长河中，流传着种种关于葫芦的传说，不仅述说着葫芦的神奇和吉祥，也诠释着劳动人民的勤劳与善良。

1. 葫芦辟邪饰物

骨雕葫芦，葫芦上雕刻壁虎，“壁虎”与“避祸”谐音，故以壁虎寓意远离灾祸。

2. 葫芦丧葬器具

魂瓶又称“谷仓罐”“堆塑罐”。它由汉代的五联罐演变而来，是我国古代农耕民族为亡魂准备食物的陶瓷随葬明器，常见于汉代、辽、宋、元年间长江中下游一带的稻作文化区墓葬中。

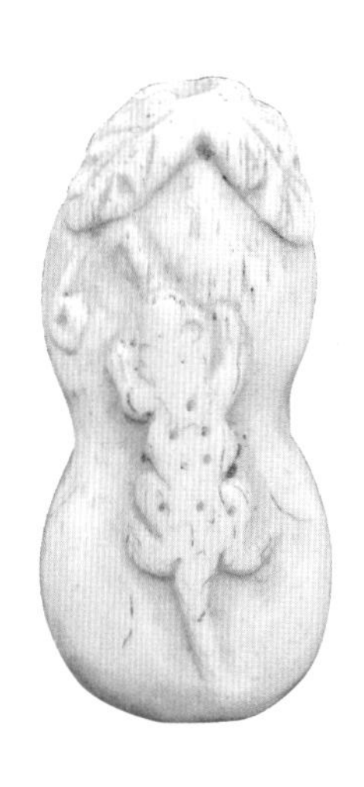

骨雕葫芦配饰　高 3 厘米

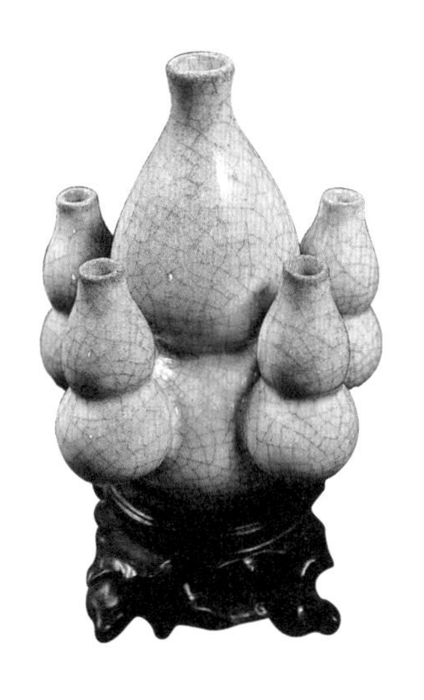

五联罐开片葫芦魂瓶　高 14 厘米

五　外国葫芦

葫芦并不仅仅为中国人所喜爱，葫芦的美好寓意、实用性、艺术性也得到了世界各国艺术家的欣赏。

黑漆描金葫芦形佛龛系日本皇室御用品。高 120 厘米，正面开有 9 个龛格，规格相等，比例匀称。周边黑漆描金，制作工艺精湛，风格庄重典雅。尤其是亚腰葫芦形状的造型设计，更显珍贵。

黑漆描金葫芦形佛龛　高 120 厘米　日本

彩绘雕刻圣诞老人葫芦　高 6 厘米　秘鲁

彩绘松鸡图小葫芦　高 10 厘米　美国

烙画雕刻豚鼠葫芦　高 3 厘米　秘鲁

雕刻小葫芦　高5厘米　秘鲁

存钱罐葫芦　高10厘米　日本

烙画雕刻动物纹小瓢葫芦　高6厘米　秘鲁

六　其他工艺葫芦

葫芦以其独特的宏观形态和厚重的文化积淀不断助推着艺术和工艺的发展和创新，从而使古老的技艺历久弥新，诞生了许多新的创意和技法，丰富了葫芦工艺作品的种类，进一步满足了广大群众对美的多元需求，使葫芦文化的传承与发展步入良性的快车道。

针刺葫芦唐诗三百首　高 6 厘米

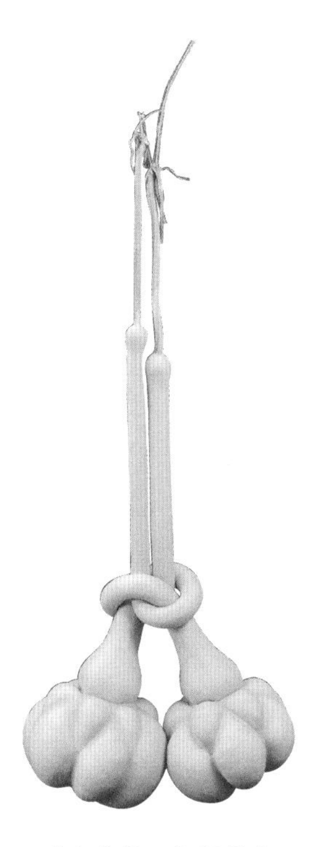

双结扣葫芦　高 65 厘米

针划百子图桃形小葫芦　高 4 厘米

在理教徽章　清代

喜报三元葫芦形铜饰件A　清代

喜报三元葫芦形铜饰件B　清代

在理教为白莲教之支派，清初创于山东。教规主要戒烟酒，在理人家躲在中堂供养天然葫芦。以葫芦为徽章标识亦其俗也。

葫芦烛台，高 130 厘米。用来放置蜡烛的托盘，高度可上下调整，做成亚腰葫芦形状，寓意深致。

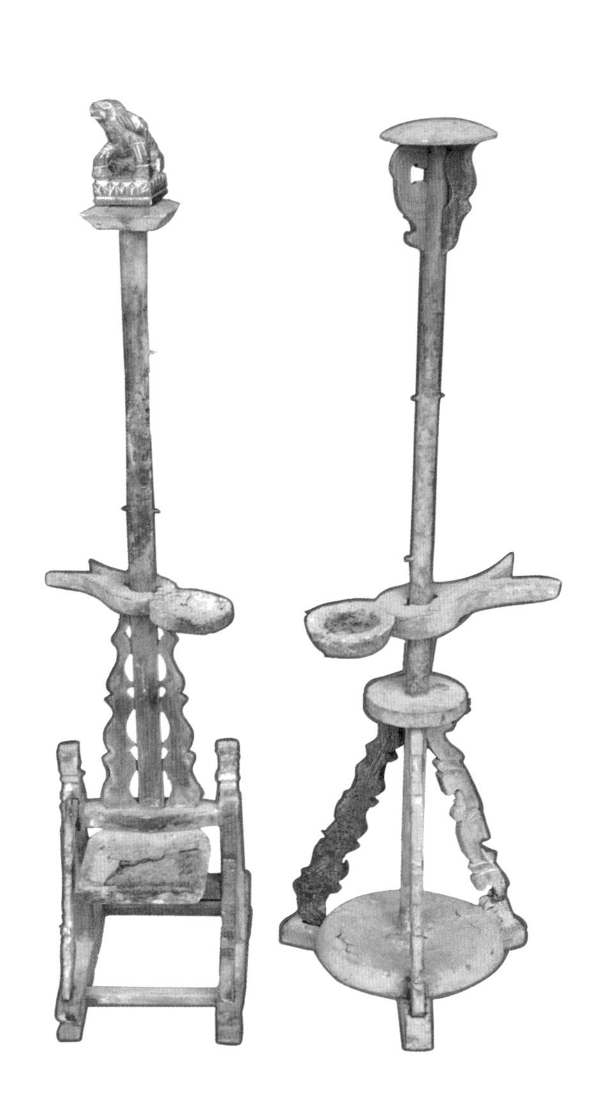

葫芦烛台　高 130 厘米

塔是一种在亚洲常见的，有着特定的形式和风格的传统建筑。最初供奉或收藏佛骨、佛像、佛经、僧人遗体等。中国葫芦文化博物馆收藏有辽代葫芦形塔尖。

石葫芦形塔顶　高 178 厘米　辽代

天然石头葫芦　高 22 厘米　韩国

拴马桩是流行于我国北方农村地区的石雕用具。立在民居建筑大门的两侧，成为建筑的有机组成部分，高大、雕刻繁复华美的拴马桩也有显示主人身份地位的作用，被人们称为“庄户人家的华表”。中国葫芦文化博物馆收藏有不少拴马桩。顶端为葫芦形的元代拴马桩，高1.86米，已经极为高大，桩身是四棱形，葫芦顶轻盈俏丽，与桩身完美结合，寓意吉祥富贵。

野核桃片葫芦由8000多个野核桃片粘制而成，非常珍贵。

野核桃片葫芦　高145厘米

顶端葫芦形的拴马桩　高186厘米

第三节　中国葫芦文化博物馆接受的珍品捐赠

中国葫芦文化博物馆接受的葫芦工艺珍品捐赠 （按姓氏笔画为序）			
序号	捐赠人	职　　务	葫芦工艺珍品名称
1	丁敏安	哈尔滨市收藏家协会员员	葫芦拼接“天鹅湖”
2	王连强	建昌葫芦爱好者	葫芦雕刻八骏图
3	王国伟	铁岭葫芦协会会长	葫芦烙画“关公”
4	刘大庆	山西葫芦爱好者	葫芦烙画“春山幽居图”
5	刘卫东	天津葫芦工艺协会大师	葫芦烙画茶叶罐“弥勒喜虎”
6	刘　军	河北唐山葫芦协会副会长	葫芦烙画“毛主席像”
7	刘国东	葫芦岛葫芦协会会员	葫芦雕刻“九鲤图”
8	肖　彤	辽宁省葫芦雕刻工艺非遗传承人	葫芦烙画手捻“五神图”
9	何庆魁	国家级剧作家	草编葫芦
10	陈大刚	天津葫芦工艺协会会长	葫芦范制香筒“盘龙”
11	陈　胜	山西妙艺堂陈胜大师工作室	葫芦烙画“观音”
12	郑洪辉	河北唐山葫芦协会	葫芦烙画“十二生肖”
13	赵　莉	锦州葫芦工艺大师	异形葫芦“弥勒佛”
14	郝洪燃	山东省聊城市葫芦工艺品厂厂长	葫芦烙画“万象更新”

续表

15	胡月余	葫芦岛市民间艺人	乌木雕刻“福禄万代”
16	郭忠文	葫芦岛葫芦协会理事	刀刻伟人肖像
17	郭京文	葫芦岛葫芦协会会员	结扣葫芦烙画花鸟图
18	黄全华	天津葫芦大师	雕刻葫芦“清明上河图”
19	黄阿金	上海市著名葫芦文化爱好者，葫芦爷爷	葫芦镂空雕刻“九龙戏珠”
20	路　军	天津葫芦工艺协会会员	葫芦范制大棱瓶
21	路武相	兰州地区葫芦大师	葫芦针刺百寿图

除上列葫芦工艺珍品外，中国葫芦文化博物馆还收到大量的以葫芦为题材的书画作品捐赠。第七届中国·葫芦岛国际葫芦文化节期间，扈鲁教授向中国葫芦文化博物馆捐赠数十件书画作品，宏业集团董事长王国林代表博物馆向扈鲁教授颁发了捐赠证书。

第六章

葫芦岛市的葫芦产业

第一节　葫芦产业发展概况

一　葫芦文化主题公园——葫芦山庄

延续数千年的葫芦文化在历史的长河中像一枝吉祥多福的常青藤，在这枝常青藤上曾孕育出了无数的文化硕果。或是久远的图腾崇拜，或一方父老之福禄衣食，或大师踪迹与传世之作，或雅士高人之钩沉掘奇，所有这些，无一不向世人昭示着葫芦文化的独特魅力。当人类刚刚进入新的千年之际，古老的关东大地上孕育出一个占地 5000 亩的巨大果实——葫芦岛葫芦山庄。这是一个现实的葫芦世界，这是葫芦文化常青藤上的伟大结晶。

2001 年，辽宁宏业集团董事长王国林带着对葫芦文化事业的执着向往，来到传说中女娲补天后留下的葫芦岛葫芦庄，从修建福禄桥、清理圣水湖、疏通大小葫芦嘴开始，紧紧把握葫芦文化这条文化主线，在葫芦庄原址正式启动了葫芦山庄建设。十六年过去了，当年的葫芦庄如今已成为葫芦文化百花园中的一朵炫目之花，葫芦山庄先后获得国家 AAAA 级旅游景区、国家文化产业示范基地、全国首批五星级休闲农业与乡村旅游示范园区、国家级青少年户外营地、辽宁省十佳旅游景区、北京电影学院教学创作实践基地等多项荣誉。

从 2001 年起步之日起，文化的寻根就从未中止，文化的归属也从

未动摇。在牛营子、白马石、打渔山、葫芦庄、天角山，葫芦山庄创业者们把一辈又一辈留下的传说整理出来，于是有了葫芦创世、葫芦续世、葫芦救世、神奇的葫芦仙女等种种动人的传说。也由此有了对福禄桥、圣水湖、荷花池、大小葫芦嘴、小井沟、葫芦谷、小葫芦岛等的修葺、维护和整理。在今天的葫芦岛，葫芦文化的种种传说早已脍炙人口，然而葫芦文化的精髓远没有止步于此。为了在文化寻根和归属的路上走向更远，葫芦山庄于2002年7月正式发起成立葫芦岛葫芦协会，葫芦山庄有限责任公司王国林任会长。协会成立后，关于葫芦文化的研究明显加强。2002年12月，协会与美国葫芦文化中心建立了良好关系，共同研究交流葫芦文化。来自美国的全美葫芦协会副会长卡罗尔·卢克斯杜以及美国加利福尼亚州葫芦协会会长洛林·C.瓦伦瑞拉、副会长列娜·李·亚当斯介绍：在美国，葫芦也是吉祥富贵的象征。能作为葫芦岛市葫芦协会的特邀顾问意义特别，他们感到非常荣幸，尽管东西方文化有诸多差异，但对葫芦都有一种特殊的感情。他们查遍了整个世界地图，发现至今还没有一个城市把“葫芦”作为城市名，因此，此次来到葫芦岛，他们愿意以葫芦作为纽带，与葫芦岛市人民共同分享葫芦带给人类的喜悦，并希望双方能够进一步加强联系，互通有无，共同促进葫芦文化的发展。

2008年9月26日，葫芦岛葫芦协会换届选举大会在葫芦山庄举行。市发改委、葫芦协会负责同志及成员出席大会。会议宣读了葫芦协会第一届工作报告，宣读并通过了《葫芦岛葫芦协会章程》，选举市委常委、宣传部部长钱福云，市发改委主任潘东波，市委宣传部常务副部长冬梅为葫芦协会名誉会长，选举王国林为协会会长。

葫芦岛葫芦协会自2002年12月成立以来，积极开展工作，先后接待了几十个国家和地区的国际友人，为加强中外葫芦文化的交流、实现葫芦文化寻根做出了一定的贡献。

2007年，召开中国葫芦文化学术研讨会，时任葫芦岛市委常委、宣传部部长钱福云出席研讨会并讲话。中国东方文化研究会会长游琪，中央民族大学教授、博士生导师、民俗学家邢莉等11位著名学者和专家以及韩国友人韩京洙、李圣雨出席研讨会。

走进葫芦山庄，从规划建设到器物选择、名称设定等等，也都处处体现着葫芦文化的情缘。葫芦形的大门，巨幅的葫芦创世浮雕，美丽的葫芦仙女，紫气东来超大葫芦雕塑，葫芦娃和葫芦爷爷的群雕，长达246米的福禄墙，缀满五颜六色无数个葫芦的祈福长廊一一映入眼帘，而当你细心观察时，更会发现这里的葫芦文化印记是如此无所不在。从企业的标识、桥上的葫芦墩、景区导视系统、房间门牌、家具和办公用品的图案、绿化造型，直至金葫芦、银葫芦、仙葫芦、旺葫芦、宝葫芦、财葫芦等山庄小院的名称和小院大门的对联，甚至于垃圾箱的形状都在渗透着特定的文化寓意。山庄的关东古街市场，几乎是葫芦和葫芦制品的天下；山庄的酒店以葫芦为食材打造的葫芦菜品、葫芦酒形成了别具一格的上乘宴席。

走入葫芦山庄，走入这个巨大的葫芦世界，葫芦文化的枝头硕果累累，春意盎然。

（一）中国关东民俗博物馆

1. 中国关东民俗博物馆综述

如果说葫芦山庄是葫芦文化常青藤上的硕果，那么在这个硕大无比的宝葫芦里必然有着很多的宝藏，中国关东民俗博物馆就是这个宝葫芦里的一块至宝。

中国关东民俗博物馆是一座国家级的综合型展馆，是东北地区第一座收藏、展示东北民风、民俗、民生、民情的大型展馆。馆名是由中国文联主席团委员、中国民间文艺家协会罗杨先生题写。馆内藏品5000余件，全部来自东北民间。时间跨度从辽金到20世纪下半叶，地理范畴以辽西地区为中心。展品从不同角度、不同层面真实再现、反映了原生态的关东民俗风情。

中国关东民俗博物馆全馆占地面积3400余平方米，分为11个展区，18个主题。馆内陈列的5000余件藏品，全部都保持着原始的形态，在这里系统地展示了关东地区人民群众的生产工具、生活用品、交通工具、民间工艺以及婚丧嫁娶、节日庆典、情趣爱好等实物展品，再现了当年的民俗风貌，使广大游客流连忘返。

在浩如烟海的关东文化遗存中，中国关东民俗博物馆收藏和记录的也仅是沧海一粟，但它却帮助人们找回了失落已久的精神家园。一座关东民俗博物馆就是一本民俗历史写真集，充分展示关东百姓们的乡音、乡情、乡韵；一座关东民俗博物馆就是一部民俗文化的时空长卷，记载着关东大地上的民俗、民事、民风。

2008年初，首都博物馆研究员王春城先生在参观中国关东民俗博物馆时不无感慨地说："民俗物品收集的范围如此广泛，数量如此之多，还是第一次看到。"著名乡土作家何庆魁是位民俗文化爱好者，曾不止一次参观关东民俗博物馆，谈到观后感，他颇有感触地说："没想到这里收集了这么多民俗文物，有的连我都叫不上名字，不简单啊！"他还为博物馆亲笔题词："民俗文化、国之瑰宝"。

在收集关东民俗器物的同时，博物馆还收集整理了东北民俗中方言谚语、民间艺术、婚丧嫁娶、民间游戏等诸多题材的资料，并陆续以博物馆馆刊的方式编订成册，作为自办刊物，主要用于和有关部门或兄弟博物馆进行交流。第一辑三种小册子，即"东北方言""东北歇后语""东北十大怪”已经编订成书，在社会上产生了很好的反响。

2. 中国关东民俗博物馆分区形象展示

中国关东民俗博物馆共分 11 个展区：

第一展区：瓷器

主要展示包括宋、辽、金、明、清、民国等各时代不同类型及使用功能的瓷器。博物馆收藏了不少辽代的瓷器。辽代瓷窑多集中在今辽宁、河北、山西北部等地。其中“辽三彩”是辽代瓷器中较有特色的一种，它承袭了唐代“唐三彩”的传统，多用黄、绿、褐三色釉，主要以生活中常见的花草纹饰为主，具有鲜明的地方色彩和民族风格，造型粗犷豪放、刚劲挺拔，纹饰淋漓酣畅、自由奔放。一定程度上可媲美“唐三彩”，是中国陶瓷发展史的重要组成部分。

帽筒，俗称“官帽筒”，为清代官员在上朝之前休息时置放花翎顶

辽三彩瓷器

清代帽筒

戴之用。它兴起于清朝初期，到了清末得以流行普及，光绪后期到民国初期，逐步演变为普通人家的陈设器。中国关东民俗博物馆的清代帽筒，绘画技法细腻，色彩浓郁强烈，线条舒畅优美，青花发色纯真。

第二展区：幌子、东北老民居

主要展示了各行业的幌子，以及纯正的东北特色老民居。

幌子展区也叫幌子一条街，过去识字的人很少，所以人们以图文并茂的形式制作了幌子。幌子是挂在商家店铺门前用来招揽生意的，相当于现在的灯箱和牌匾。幌子展区主要介绍了药铺、大车店、钱庄、糕饼店等店铺的幌子。

中国传统民居丰富多彩，而东北民居是中国传统民居的重要组成部分，在特定自然环境和社会文化背景下，有鲜明的东北风情。中国关东民俗博物馆重现了当年的东北民居，包括室内土炕、悠车、油灯、箱柜、大锅、风箱等；院子里养着鸡鸭鹅狗猪，还有粮仓、石磨等。

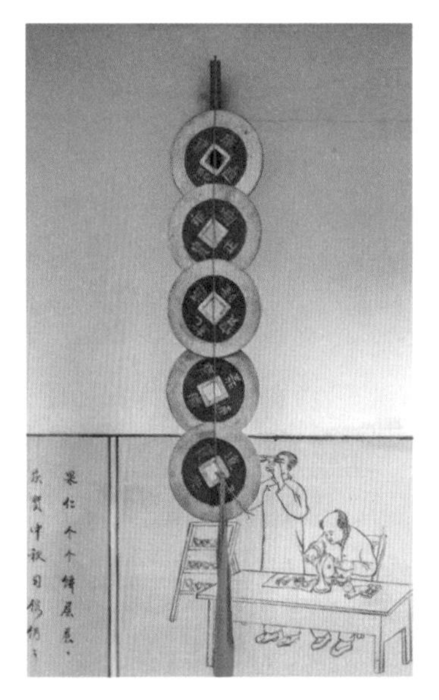

钱庄幌子

药铺幌子

第三展区：证照、老物件

本展区主要展示了鞋拔子、鱼刀子、萨满教器物、古钱币、算盘、秤、烙铁、肚兜、枕头、荷包、焗匠工具等老物件。

谱单是家谱的一种。东北地区的谱单，有满文、汉文、满汉合璧等书写形式。谱单以始祖为根基，是各支派宗族成员世系的总谱，通常写在正面铺以白绫，背面裱以毛边纸的一块绫面上，有的则用一张高丽纸依次论辈分书写祖先的名字，逐层分支，呈宝塔形。很多谱单上绘有祖先形象。就其内容而言为中国五千年的文明史中具有平民特色的文献，属于珍贵资料。

鞋拔子是避免弯腰能快速穿鞋的工具，“鞋拽把儿”是缝制在鞋后跟用以提鞋的小带子。鞋与“谐”“邪”谐音，具有“拔出邪恶”和“和谐幸福”的寓意，常用象牙、玉石、玛瑙、兽骨、金银制成，是百姓喜爱的民俗吉祥物和艺术珍藏品。清李光庭《乡言解颐》中有诗赞誉：“适履何人甘削趾，采葵有术莫伤根。只凭一角扶摇力，已没双凫沓踏痕。”

古代妓院的讲究较多，特别是一等妓院，大门一般有砖雕装饰，有

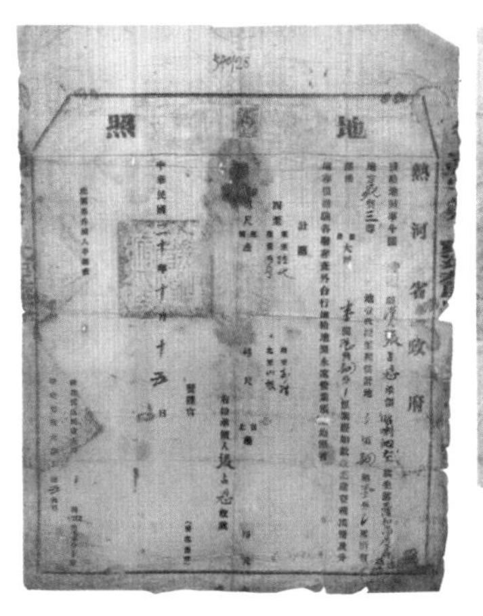
地　照

地照

畢業證書
學生潘玉清係錦州省義　縣人
現年十七歲在本校修業期滿對於
國民優級學校認為全課程畢業此證
康德八年十[illegible]月二十六日

毕业证

匾额书写的店名（大多都是社会名流的题字），门楣上挂有各色花名的花牌，再讲究的门前还有牌坊。中国关东民俗博物馆展出的牌匾做工考究、纹路清晰，内容寓意更加丰富，纹饰如未开放的花蕾、半开的花朵等，还有更深层次的含义。

鱼刀子是一种过去车老板常用的工具，它的作用是制绳和解绳，是人们日常生活中必不可少的实用工具。因为有的鱼刀子还有冲牙功能，冲牙就是一种解绳专用工具，在古时候绳子用途非常广，甚至衣服上也常有绳扣子需要冲牙来解。鱼刀子有多种材质如木、骨、铜、铁等，同时鱼刀子的样式也是多种多样，最为

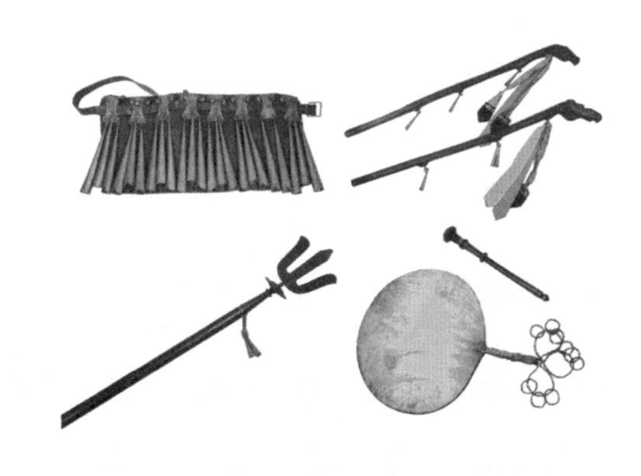

萨满教法器

常见的是鱼形，代表年年有余之意，鱼刀子在造型上充分体现了古人的智慧，他们将实用与美进行了完美结合。

萨满教起源于渔猎时代，其理论根据是万物有灵论，它几乎独占了我国北方各民族的古老祭坛，影响深远。萨满教一般在三种情况下举行仪式：为人治病、收入新萨满、祭神。跳神仪式大致为四个步骤：请神，向神灵敬献祭品；降神，用鼓语呼唤神灵的到来；领神，神灵附体后萨满代神立言；送神，将神灵送走。萨满教法器包括腰铃、神杖、铜镜、鼓槌等。

第四展区：私塾、食盒

私塾是我国古代学子求学的场所，约始于春秋。其中孔子私学规模较大，在我国教育史上影响深远。在我国2000多年的历史进程中，虽有规模庞大、体系完备、实力雄厚的官学，但私学对于传播文化、发展教育也起到重要作用。

中国关东民俗博物馆的私塾展区再现了中国古代私塾的教学场景，教室内有孔子的画像、天地君亲师牌位、讲台、书桌，书桌里摆放着《论语》《孟子》等书籍。

食盒是用以盛放食品、食具、礼物的可提可挑的大盒子，是旧时乡

私塾展区一角

绅名流访友、祝寿、节日送礼、野外郊游等经常使用的食具。食盒造型的好坏是主人身份地位的显现，有些用料讲究，如紫檀、黄花梨、珐琅、漆器等，做工精细。

马是人类较早驯化的大型家畜，曾是农业、交通、军事上的主要动力。

大食盒

小食盒

为便于控制，人们发明了一系列的器物来辅助驾驭，如马鞍、马镫、缰绳等。我国使用马具的历史非常悠久。

第五展区：服饰、家居装饰

刺绣是中国民间传统手工艺之一。关东地区以满族刺绣为主。满族刺绣通常以家织布为底衬，以红、黄、蓝、白八旗色彩为基色，地域色彩鲜明，风格夸张粗犷。可用于

马鞍子

辽代补服刺绣

辽代补服刺绣

枕头顶、幔帐、门帘、围肩、袖头、衣襟、鞋帮、手帕、肚兜、香荷包等日常生活用品。

旧时人们把女子裹过的脚称为“莲”，大于四寸的为铁莲，四寸的为银莲，三寸金莲是当时人们认为妇女最美的小脚。久之，“三寸金莲”成为这种小脚鞋的代称。

三寸金莲

马褂

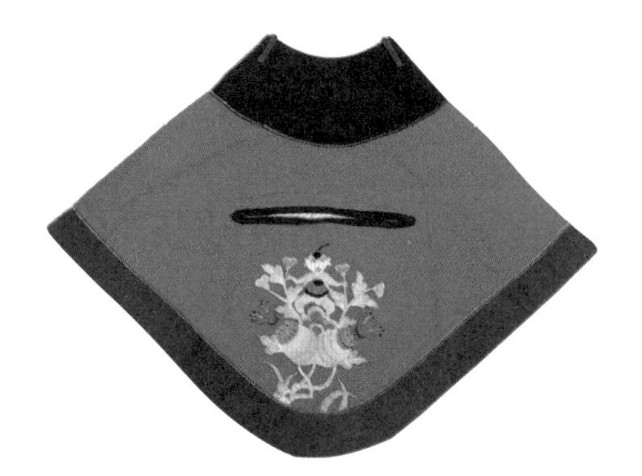

肚兜

马褂是满族喜爱的服饰，在长袍外面套马褂，谓之“长袍马褂”。马褂分为大襟、对襟、琵琶襟等多种形式。

“喜溢高堂”银丝盘绣（清代老刺绣婚庆用品，绣工精美，书法漂亮，喜气吉祥）

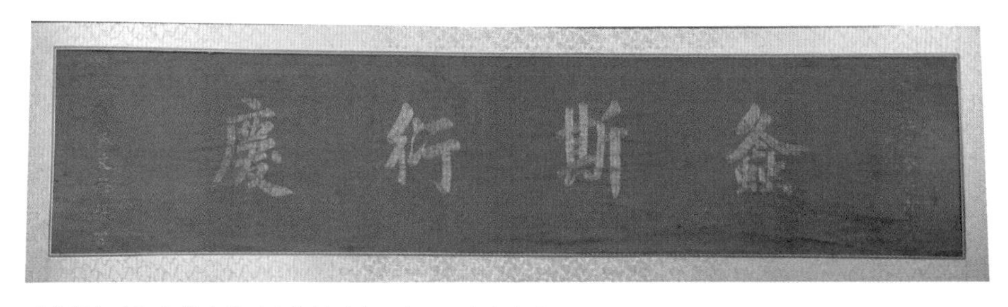

“螽斯衍庆”金丝盘绣（螽斯繁殖力强盛，“螽斯衍庆”寓意新婚夫妇早生贵子，多子多孙）

第六展区：古家居陈设

本展区陈列着清代至民国的古家居摆设物件，包括镜子、柜子、桌椅、床、门、药柜、理发椅子、炕柜等。

中药柜亦称中药橱、药柜子、药斗子，靠墙摆放，用以盛放各种中药，因其找药容易、方便易取，民俗有“抬手取，低头拿，半步可观全药匣”的说法。

中药柜

座屏

带座屏风在明清两代风行一时。通常由屏框、屏心、站牙、立柱等组成，是居室、书房的典雅摆设。

第七展区：老照片、老马灯、老座钟、契约

本展区展览的契约，主要与土地、房产有关。契约分官契和民契两种。官契是当时官府为了保障人们的合法权益，避免和消除财产纠纷，维持社会秩序的一种文体形式。官契为印制，民契为手书。民契和官契具有同样的法律效力。契约的产生与履行，代表了当时人们对法律的敬畏和重视，同时也是一种风俗习惯在生产生活中的体现。

本展区的契约，年代跨越大，从明、清至建国初期，既有官契也有私契。体现着中华民族的诚信、自律、乡邻和睦、患难相助的优良传统。

日月如梭光阴似箭，百年风云弹指一挥。历史前进的车轮虽已远去，但定格的画面却把我们带到了昨天。老照片展示的是从清末到民国，从

老照片

修鞋匠

送友赴任，礼帽、皮鞋、洋车表达了主人励志革新的决心

中华人民共和国成立到改革开放的百余世相，一张张老照片组成了一段段风云变幻的历史。这里的衣食住行向我们讲述着民风习俗的演变，婚丧嫁娶倾吐着百年沧桑的变迁，市井风情揭秘了古街老巷的旧貌新颜。

第八展区：镜画

镜画即玻璃画，在清代初期，由西方传入中国，最初西洋风格明显，物以稀为贵，成为上层贵族装饰、把玩的珍品。随着国内玻璃制造工艺的不断发展，至清代晚期，手法、工艺有了很大程度的提高，镜画生产量大幅增加。

三国演义故事镜画

西厢记故事镜画

镜画早期多用于宫内建筑装饰上，后来发展成为挂屏、插屏、围屏、宫灯等独立的工艺品。其题材除了花卉静物外，常体现中式图样风格，如中国贵族的家庭生活，穿旗装的中国仕女肖像等，反又迎合了西人猎奇之心。镜画具有很高的艺术欣赏和收藏价值。

第九展区：渔、猎、耕

关东大地江河纵横，濒临大海，有着丰富的渔业资源，素有“棒打狍子瓢舀鱼”之说。关东地区捕鱼多在春、秋、冬三个季节。冬季捕鱼易于保存运输，这一古老的冬捕方式一直延续至今。捕鱼不仅满足了人们对饮食的需求，关东人还将鱼皮做成了服饰穿戴。清朝时期，在关东特设“打牲衙门”专门管理捕鱼、采珠和海猎的事务。同时极具关东风情的鱼宴也是关东的一大特色。

中国关东民俗博物馆收藏的一具大铁锚，长3.4米，重达800千克，为明代海上商船用具。早在元代，就有来自山东、河北的渔民在葫芦岛沿海地区从事渔业捕捞和海上运输，航线最远可以延伸到山东半岛及东南沿海。

在上古时代，关东地区人已经会使用以石为镞的弓箭。勇敢彪悍的关东各民族，早期以打猎为生，过着漂泊不定的生活。一年四季追赶着獐狍野鹿，游猎在辽阔的林海当中。狩猎的工具主要以弓箭、长枪、佩刀、火枪为主。悠久的狩猎传统，形成许多特有的风俗，如打红围、打大围、

大铁锚

打小围等等。关东地区的原始林，桦树遍地丛生，桦木可用于制作各种生活用品，如木刻楞、水桶等。

清代,满族民间狩猎仍袭古俗。一般打围是十余人至三十人左右，俗称“打小围”。猎时，先圈占一处围场，无论人数多少一般均分两翼行进，渐次逼近，叫作“合围”，或一合再合，打猎所得成果必与亲友兄弟同享。

木刻楞是用圆木垛起的房子，根据猎帮的人数，可大可小，小的住三五个人，大的可住几十人。里面搭上木杆，铺草和兽皮褥子，睡

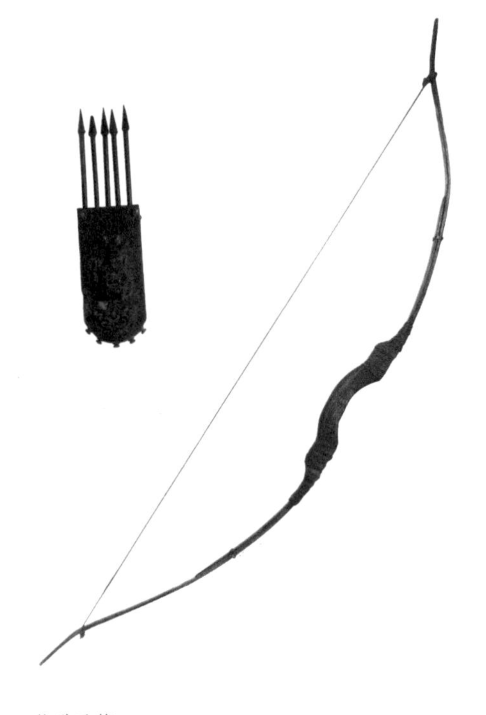

狩猎弓箭

木刻楞

石雕山神爷像

觉很松软、暖和。屋里搭灶生火做饭。门的设计也是为了防止在休息时遭遇野兽，能够有缓冲的时间来抵抗。木刻楞特别坚固耐用，多大的老北风刮不倒，多大的雪压不塌，多凶的野兽拱不翻，原木不烂，房子不垮。

猎人最重要的山规当数祭拜山神爷老把头。进山狩猎前要到山神庙去祭拜；进山后不坐树墩；第一碗饭要敬山神爷；打不到猎物要再祭山神爷，求山神爷保佑；迷了路要求山神爷保佑；打到大猎物后，要举行隆重的谢山活动。每年的农历三月十六是山神老把头节，这天必须杀猪宰羊给山神爷老把头过生日。

第十展区：石器及化石

赑屃是一种形似龙头龟身、体积庞大的神兽，古代汉族神话传说中龙之九子之一，又名霸下。好负重，取其力大能负重之义，引申为担负重任，是长寿和吉祥的象征，也是祛邪、避灾、祈福、护宅的守护神。赑屃常常被放置在庙宇、祠堂等地。

状头多置于大门左右两侧，一般雕刻鱼、莲花等，寓意着对生活的美好愿望，如家庭和睦、连年有余等。

石雕是造型艺术的一种，以可雕可刻的硬质材料（如木材、石头、金属、玉、玛瑙等）创造出具有一定空间的可视可触的艺术形象。我国

鲤鱼状头

荷花状头

赑屃石雕

石雕的传统技艺约始于汉，成熟于魏晋，在唐朝流行开来。

博物馆收藏有一座八孔透龙碑，龙形图案十分精致，栩栩如生。清代石碑，一般九孔透龙碑是将军的墓碑，七孔的应该是三品大员才能享受的规格。九孔透龙碑一般是皇帝下令为功臣墓地，或为纪念某些大事而建造的庙宇修立，如正黄旗葛布喇将军和中宪大夫申朝信墓前就有皇上御赐九孔透龙碑，巴彦县德祥乡四间庙也有九孔透龙碑。七孔透龙碑一般为地位尊崇显赫之人立，镇宁寺的七孔透龙碑据说是李世民为秦琼和尉迟敬德所立。八孔透龙碑一般相当于一品大员才能享受的规格。

化石是存留在岩石中的古生物遗体或遗迹，最常见的是骸骨和贝壳等。研究化石可以了解生物的演化并能帮助确定地层年代。关东地区化石较多。关东民俗博物馆馆内还有在辽宁绥中发现的世界上最小的恐龙化石。

红山文化是距今五六千年在燕山以北、大凌河与西辽河上游流域活

八孔透龙碑

鹦鹉嘴龙化石

动的部落创造的农业文化。据考古发掘资料，葫芦岛地区属红山文化区。红山文化的居民主要从事农业，还饲养猪、牛、羊等家畜，兼事渔猎。红山文化也是中国史前文化北方的玉器中心。玉猪龙是红山文化的代表，以龙为形、以玉为质，具有强烈的中华民族图腾的印迹。

玉猪龙

第十一展区：古车展区

我国古代陆上交通工具以车、马为主，殷墟出土的甲骨文中有“车”这个字，这证明了在三千年前，车子已普遍使用了。车子在战争、交通、运输、生产、生活中发挥了巨大作用。古车展区主要展示了包括大轮车、牲畜车等不同类型的用车。

图中马车车轮镶嵌铁钉代表着人丁兴旺。车的四角都有猴子造型铁钉代表着孙悟空（弼马温），也表示封侯。车前梁雕刻着荷花寓意一路平安。

牲畜车

大轮车

马车

马车上的猴子造型铁钉

（二）葫芦文化的福祉

葫芦文化即福禄文化，葫芦山庄的建设体现了葫芦文化福荫乡里的初衷。嬉水乐园、园林式酒店、文艺展演与关东古街民俗展览等一系列服务娱乐性项目，都从不同方面展现了葫芦世界福禄众多的特色。

1. 葫芦山庄嬉水乐园

无论是在传说里还是在现实中，葫芦都与水密不可分，而亲水更是人的天性。葫芦山庄嬉水乐园占地 2 万平方米，是葫芦岛市最大的室外嬉水乐园。其中长达 100 米的高山水上大滑梯为东北首家，在国内亦属罕见。

2. 葫芦山庄的园林式酒店

葫芦山庄酒店主体由“过大年”主题餐饮区、福禄饭庄旅游餐厅、关东民宿客房三大板块构成。

在“无处不葫芦”的葫芦山庄内，葫芦美食开发自然成为酒店的选择。2011 年，酒店与四川烹饪高等专科学校联合研制出了以葫芦为主要食材烹制的美食“中国葫芦宴”，并在第四届中国美食节上一举获得“金鼎奖”“中国川菜名宴”“最佳创意奖”三大桂冠。

院依山水，房在林中，人在景中，这就是在吉祥客房入住的感受与体验，居住房间有景观别墅，有传统的东北火炕，舒适的家庭式住房等等。

吉祥客房是有着明显地域建筑风格的文化符号，最典型的东北民居样式就是坐北面南的石砌房，以独立的三大间房最为多见，而两间房或五间房都是三间房的变种。房子坐北面南最根本的原因就是采光和取暖。这种由自然环境形成的建筑风格最后演绎成一种意识形态上的风俗习惯。

“大秧歌”表演

民国升旗展演

3. 葫芦山庄的表演与游乐

东北民间文艺是东北民俗文化的一个重要内容，葫芦山庄的表演项目主要围绕这一主题打造。

4. 葫芦山庄的关东古街与关东古道民俗游览区

作为关东民俗文化的代表地，葫芦山庄打造了最具特色的关东古街与关东古道民俗游览区。

绣楼招亲

（1）关东古街

关东古街在恢复原有古老葫芦庄的基础上，按上世纪二三十年代的关东风情打造，设有1927年以前的镇公所、关东警察署、关东邮局等代表性机构。古街商铺也均采取旧时布局，传统的民间手工艺在这里有完整的设施设备，有实际的加工生产过程，也有相应的手工业产品出售。

制作葫芦条

（2）关东古道

关东古道区由古匾廊、碾子山、石磨海、百福墙与六六禄墙、石桩林五个部分组成：

王茂荫“祖德流芳”匾　清代

古匾廊是葫芦山庄著名的景观，位于葫芦山庄入口东侧，背依中国关东民俗博物馆，面向充满关东农村风味的碾子山。古匾廊始建于 2013 年，2016 年重新调整构建。匾廊全长 88.8 米，尊奉明洪武九年（1376）至民国三十五年（1946）间各类古匾 61 块，历史跨度达 570 年。古匾廊被认定为关东地区最具文化历史价值的长廊。

在收集展示的老匾额中，年代最久远的一块古匾为明太祖皇帝朱元璋手笔《圣谕》：“孝顺父母，尊敬长上，和睦乡里，教训子孙，各安生理，毋作非为。”匾廊中最具名人文化价值的一块匾额是清晚期的“祖德流芳”。匾长 1.8 米，高 0.7 米，右边为“赐进士出身资政大夫户部右侍郎王茂荫为”几个字，左边是“重修家祠王志孝率族众 同立”“大清咸丰四年岁次甲寅春三月”等字。此匾为清朝王茂荫亲手书写。王茂荫是清朝货币理论家、财政学家。他曾提出货币改革，因此遭到皇帝的贬谪，据说这一事件受到了马克思的关注，并写进了他的《资本论》中。此“祖德流芳” 匾，是王茂荫为老家重修家族祠堂时题写的，意在以祖德教育子女，流芳百世。

碾子山建于 2016 年 5 月，位于关东古道中心区，由大小 99 块石碾子组成。其中有全国最大的重达 8.8 吨、直径为 3 米的巨型石碾子。

石磨海建于 2016 年 5 月，由 488 块石磨组成，分为三柱擎天、十全十美、二十四节气、似水年华四个部分。

百福墙

六六禄墙

葫芦即“福禄”，以葫芦文化为主线打造的葫芦山庄有这样一条葫芦文化的风景线——百福墙和六六禄墙。百福墙和六六禄墙全长约246米，长长的石头墙上共镶嵌有136块60厘米见方的灰色大理石，上面分别雕刻着100个大红的“福”字和36个金色的“禄”字，因此名曰“百福墙与六六禄墙”。从秦王朝李斯的小篆，到书圣王羲之的墨宝；从才子佳人的恣意挥洒，到民族脊梁的厚重之作，面对两千多年的历史时空，人们会真切感到对幸福的企盼原来如此之远，也如此之近，同时也更会感受到“福禄文化”的深根厚土。

拴马桩是关东民俗代表性的石刻器物。在葫芦山庄的关东古道及圣水湖周边矗立着大大小小总共123根的拴马桩，它们形态各异，远远观来，仿似石林一般，与翠柳湖光交相辉映，被称为“石桩林”。

拴马桩一般高约2米左右，也有高达3米多的，多采用灰青石、黑青石雕刻。在石桩林中，比较具有代表意义的，就是一对胡人骑狮拴马桩。拴马桩上的胡人高帽长须、英武潇洒，狮子一般很温驯服帖。商贾云集之处，多有金钱和珠宝，拴马桩桩顶用胡人骑狮，既能带来财富又能护佑平安。

二　葫芦工艺

葫芦山庄的葫芦工艺制品种类繁多，其中的“雕刻葫芦”“范制葫芦”“砑花葫芦”和“烙画葫芦”达到很高的艺术水平，成为旅游纪念和礼品馈赠的抢手货。多种工艺竞相展示，葫芦由农家瓜果登上了艺术殿堂，成为一种集拙朴自然和高雅精美为一体的民间艺术品，具有很高的欣赏价值和收藏价值。

（一）烙画葫芦

烙画葫芦又称火绘葫芦，是葫芦工艺中较为常见的一种方法。相传起源于汉代，后失传，清朝又兴起。它是用烙铁在葫芦上烙烫出焦枯痕迹以形成图案。运用不同的温度、把握烫痕的深浅，能让葫芦的纹饰层次分明、充满立体感，还能让纹饰保存较长的时间。图案以历史人物、民间故事、神话传说为主，也有诗词歌赋、个人画像等等。烙烫痕迹的色彩与葫芦本身的皮色相互映衬，显得古朴自然，温润可爱。烙画葫芦现已成为国家级非物质文化遗产。

葫芦山庄的中国葫芦文化博物馆珍藏的烙画葫芦“唐装”为纯手工制作，选材精良，造型稳定，将外展的葫芦口与衣服的领口结合，圆润

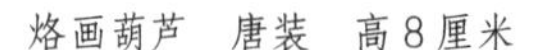

烙画葫芦　唐装　高 8 厘米

烙画葫芦大象造型　高 35 厘米

对称的葫芦肚暗合珠圆玉润的人体造型，显示出唐装的雍容和华贵。大象造型的烙画葫芦巧妙运用了葫芦柄的延展弯曲，又借鉴西洋画的光影关系，形神逼似，惹人喜爱。

（二）范制葫芦

范制葫芦，又称模子葫芦，就是预先制作好范模，使葫芦“就范”成型。也就是说需要用模具“装”葫芦才能制成。范制葫芦有简有繁。最简易的范制葫芦就是夹范，用两片木板将幼小的葫芦夹起来，最终长成的葫芦呈扁形。范模光素无纹的，称为“素范”，比较强调造型的变化。进一步复杂的，是“花范”。花范，需在范模上刻制各种图文形态，葫芦通过花范培育，可生成花鸟虫鱼、亭台楼阁、人物山水等多种图案。范制技术是一种应用较广的设计形式。葫芦山庄中国葫芦文化博物馆珍藏的八仙、老寿星等形状的范制葫芦，形态逼真，浑然天成，别有一番味道。

范制八仙葫芦　高 22 厘米

范制寿星葫芦　高 12 厘米

（三）砑花葫芦

砑花也称作押花、掐花。通过压制的方法在葫芦上制造浮雕般的纹路效果。使用不同的刀具，通过挤压、推压等不同的手法，产生的纹路也不同。葫芦山庄中国葫芦文化博物馆珍藏的砑花凤穿牡丹葫芦图案吉祥顺意。砑花山水风景葫芦取用皮质较厚的葫芦，压制的力度较大较深，图案的层次更加分明，立体感更强。

砑花凤穿牡丹葫芦　高 31 厘米

砑花山水风景葫芦　高 8 厘米

（四）雕刻葫芦

雕刻葫芦一般都有底稿，按照底稿用特制的钢针镌刻表皮，辅以松墨，最后上光。另有一种将葫芦壳镂空，镂空的葫芦七巧玲珑，别具一格。葫芦山庄中国葫芦文化博物馆珍藏的招财进宝雕刻葫芦构图巧妙，线条流畅；透雕夏荷雕刻葫芦寓意花之君子，清洁静雅，给人留下了“出淤泥而不染”的遐思。

招财进宝雕刻葫芦　高 27 厘米

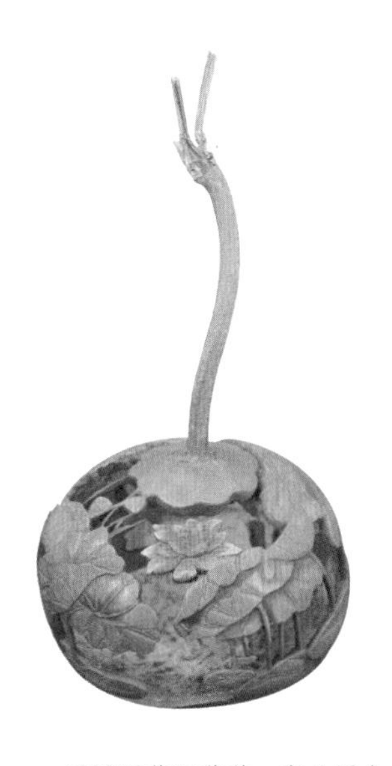

透雕夏荷图葫芦　高 7 厘米

三　葫芦种植

经过多年的耕作，目前葫芦山庄的葫芦种植面积已达200多亩，品种多达数十种，一些国内十分罕见甚至濒临消失的葫芦品种，在这里也能觅见芳踪。在此基础上，葫芦山庄将继续扩大种植面积，着手建成具有葫芦种植示范园区特点、具有旅游观光特色的葫芦谷、葫芦村，奠定并进一步夯实葫芦产业和文化研究的基础；从品种上，继续吸收、引进国内外紧缺的葫芦品种，将逐步囊括适宜葫芦岛地区种植的国内外现有全部葫芦品种，并加大葫芦种植研究，杂交培育出新的葫芦品种，向游人展示葫芦多变的魅力。

与此同时，加强培育及供给各种葫芦种子的工作力度，提供给广大种植户和葫芦爱好者，并可通过转基因技术培育特大、特小及异形葫芦品种，完善葫芦种植基地功能，拓展葫芦种植的研究领域。

为支持当地经济发展和精准扶贫，葫芦山庄将大力推动当地农户种植葫芦、加强葫芦手工制作业的发展。通过发展环保农业、观光农业、休闲农业等，改善区域农业基本生态环境，加快建成具有地方特色的葫芦生产基地的步伐。不仅实现一二三产业的有机融合，而且吸纳大量的农村剩余劳动力就业，带动农民增收。

（一）大葫芦

大葫芦果实巨大，直径25—30厘米左右，可食用，是葫芦岛当地农家的家常菜。也可以锯开掏空，用来舀水或粮食等。在葫芦岛地区的农村，20世纪五六十年代以前厨房里经常能看见，被称为“瓢葫芦”“瓢”或“水舀子”。

（二）亚腰葫芦

亚腰葫芦的外形特征就是中间有一细腰，形状

俏皮，即一般俗称的丫丫葫芦。亚腰葫芦家族大大小小有几十种，大者20—30厘米，小者10厘米左右，多用来观赏。人们常说的药葫芦、酒葫芦、葫芦娃即指这种葫芦。亚腰葫芦因其造型优美，可塑性强，成为工艺品中使用最多、最受欢迎的葫芦品种。

（三）苹果葫芦

因其外形酷似苹果而得名，个个别致，情韵独特。外观看起来非常干净漂亮。单果重320克—380克，株结果30—45个，产量高，可鲜食，也可素炒或加肉丝炒等。工艺品制作有时也选用这种葫芦。

（四）长柄葫芦

长柄葫芦也是历史悠久的葫芦品种，李时珍称为“悬瓠”。形状下部浑圆，上面有一个细长均匀的柄，连同下部圆肚部分全长可达60—95厘米。这种葫芦嫩时亦可食用，老熟后可做葫芦笙。长柄葫芦种植不太广泛，较为少见。

（五）疙瘩葫芦

疙瘩葫芦是人们对一种身上长满“疙瘩”的葫芦的通俗称呼。这种葫芦上的疙瘩完全由天然长成，大小不一，形状千奇百怪。可谓是

长得随心所欲，但是又有着独特的美感。据说清乾隆年皇太后大寿，在进贡的各种葫芦器中，就有一件“蓬山瑞种疙瘩葫芦”。

（六）莲花头葫芦

莲花头葫芦形似亚腰葫芦，其口犹如莲花盛开一般。

（七）佛手葫芦

佛手葫芦以形似佛手而得名，直径 15 厘米左右，形状扁平。适宜雕刻和烙画。

四 葫芦人物

葫芦岛市多年致力打造葫芦产业，至今已七次成功举办中国·葫芦岛国际葫芦文化节，多次举办有国内外葫芦文化精英领衔参加的葫芦文化或葫芦产业研讨会、交流会等等。这些活动在促进葫芦文化的广泛交流、提升民族传统文化地位方面都起到了十分积极的作用。与此同时，葫芦山庄自身和葫芦岛地区的葫芦文化产业水平不断提升，涌现出了一批支持葫芦产业的代表人物和一批葫芦工艺大师。

（一）葫芦文化产业代表人物

王建平，男，1954 年生人，葫芦岛市人。葫芦岛葫芦协会秘书长。王建平曾多年担任葫芦山庄总经理。在落实推进葫芦文化建设，打造葫芦山庄的总体战略上做出了多方贡献。在举办葫芦文化节、设计建设葫芦文化博物馆、建立葫芦文化研究所、发展葫芦产业和葫芦工艺等方面做了大量的组织协调工作，为葫芦文化的传承与发展做出了重要贡献。

沈海山，男，1978 年生人，葫芦岛市人。葫芦岛葫芦协会会员，葫芦工艺爱好者。沈海山自入会之日起开始在葫芦协会会长的指导下对葫芦协会及葫芦合作社开展一系列工作，协助组织筹划葫芦文化节。促进了葫芦文化产业以及葫芦工艺的发展。其本人亦成为葫芦工艺行业众多大师和爱好者的益友。

从 2010 年开始，组织专业人士研发葫芦酒的烧制酿造并获得成果，他们研发出的以葫芦为主料的纯粮优质礼品酒，现已成为葫芦岛的知名商品和礼品。

（二）葫芦工艺代表人物

郭京文，男，1981 年生人，葫芦岛市人。葫芦岛市工艺美术师，中国优秀青年设计师，中国文化产业创业、创意人才。葫芦岛市龙港区民间艺术家协会秘书长，葫芦岛葫芦烙画非物质文化遗产代表性传承人。郭京文从小跟随祖父学习烙画。他是第一批进入葫芦山庄的民间美术艺人，也是将“葫芦岛葫芦烙画”推向国际市场的领军人物之一。多年来，郭

郭京文葫芦工艺作品

京文执着于葫芦烙画，在葫芦上大胆创意，带领他的徒弟们努力实践对“葫芦岛葫芦烙画”传统美术技艺的活态传承。

郭京文家族是烙画艺术世代传承家族，郭明、郭守山、郭宝玉都是烙画艺人。到了郭京文这一代，融合了新的艺术形式和表现技法。

2012 年，郭京文被评定为葫芦岛工艺美术师；2013 年，烙画作品《葫芦礼品系列》荣获中国之星设计大奖并获“中国优秀包装设计师”荣誉称号；2013 年作品《二十四愿观音》荣获辽宁文化精品金奖；2014 年参加韩国光州国际文化创意展暨中韩艺术家交流会，荣获文化推动奖，其作品被韩国金大中国际会展中心收藏；2015 年又荣膺“中国优秀青年设计师”“中国文化产业创业、创意人才”两项美誉，2015 年“葫芦烙画”列入葫芦岛市非物质文化遗产。郭京文被葫芦岛市人民政府授予“葫芦烙画代表性传承人”称号。

2003 年，郭京文创建了葫芦岛一诺葫芦工艺品制作中心，集葫芦设计、开发、生产、销售于一体。经多年经营，其葫芦产品被誉为辽宁省最具市场潜力产品，企业被省妇联指定为辽宁省妇女手工创业就业基地。2013 年到 2014 年，公司产品连续两年荣膺葫芦岛市名优旅游商品，2015 年到 2016 年，产品连续两年入选全国名优旅游商品设计大赛。

李闯，男，1973 年生人，葫芦岛市人。国家二级美术师，职业书画家，葫芦烙画艺术家。本科学历，现任葫芦岛市连山区民间文艺家协会主席。其作品结合了中国传统书画及西洋画的特点，表现了物体本身的质感，又营造烘托了画面的意境，构图明朗生动，作品力求雅俗交融，雅得来不孤芳自赏，俗中贴地，但杜绝庸俗。

2003 年李闯研制了一套新型专业烙画工具，改进了烙画工艺，提高了烙画质量，并得到了国内烙画爱好者的认可。李闯的作品在社会各界受到广泛关注。2004 年烙画作品被美国葫芦协会副会长卡罗尔·卢克斯杜收藏。2010 年在中国首届农民艺术节上，葫芦烙画作品《王者》荣获全国优秀奖。2010 年代表葫芦岛市参加了上海世博会，共展出葫芦烙画作品 40 余件。2010 年在辽宁省首届农展会上，葫芦烙画作品荣获辽宁省最佳工艺作品奖。2015 年在第九届中国辽宁国际农产品交易会暨第十五届中国沈阳国际农业博览会上，其烙画作品荣获辽宁省金奖。

2004 年成立了子轩阁烙画艺术工作室。2005 年开设葫芦烙画艺术培训班，义务为社会各界培养烙画人才百余名。

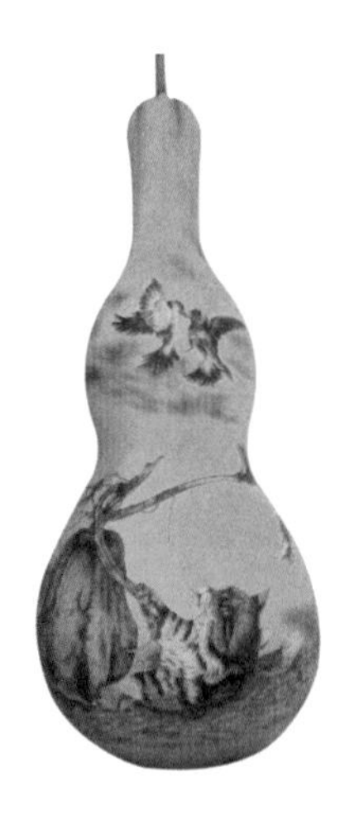

李闯葫芦工艺作品

赵忠礼葫芦工艺作品

赵忠礼，男，1951年生人，原籍辽宁省朝阳市，现居葫芦岛市。葫芦岛市葫芦协会会员，辽宁省工艺美术行业协会会员。赵忠礼儿时跟随父亲学习木版雕刻、葫芦雕刻和烙画，掌握了葫芦烙画和雕刻技艺，为日后开展葫芦工艺品创作打下坚实的基础。1990年开始从事葫芦种植、加工，经多年探索和潜心研究，开发并制作了大量的葫芦工艺品，包括绳扎葫芦、结扣葫芦、烙画葫芦等，作品有《四小天鹅》《吉祥三宝》《葫芦人》等，深受广大葫芦爱好者喜爱，有的作品被中国葫芦文化博物馆收藏。

2007年其葫芦烙画被评为第二届中国东北文化产业交易博览会优秀产品展品奖，同年申报葫芦岛市龙港区葫芦烙画非物质文化遗产传承人。2009年作品《葫芦人》荣获“中国联通”葫芦岛第三届国际葫芦文化节最佳创意作品奖。2011年正式成立实体企业，集种植、加工、销售、批发为一体，成为我市葫芦加工行业的龙头企业。2013年被聘请为国家AAAA景区葫芦山庄展览馆负责人。2014年10月中国聊城第八届葫芦文化艺术节，获葫芦大赛优秀奖。

2006年赵忠礼在葫芦山庄成立了葫芦产业中心，培养出了高云卿、于玲、王文萍、姜素芬（葫芦岛工艺美术师）等多位工艺美术艺人。

王峰，男，1967年生人，葫芦岛市人。葫芦岛兴城市民间艺术家协会副主席，葫芦岛市葫芦协会理事。王峰自幼喜爱绘画、雕刻。在父亲研制葫芦宴的设想启发下，开始对葫芦工艺品产生极大兴趣。1999年在北京、天津、山东、太原等地学习葫芦工艺品的加工和制作技能。2005年参加中国·葫芦岛国际葫芦文化节博览会，其中葫芦作品《佛光普照》荣获国际葫芦文化节组委会颁发的最佳创意奖。2008年11月和父亲携《葫芦宴》参加中国烹饪大奖赛东北区，先后荣获一等奖和特别奖。2000 年在兴城市创建了葫芦岛地区最大的葫芦工艺品暨葫芦文化发展中心——“葫芦居”。

吕戎滨，男，1963 年生人，葫芦岛市人。葫芦岛市工艺美术师，葫芦岛市葫芦协会理事，辽宁省首批十佳创意设计人才，中国工艺美术协会会员。吕戎滨从小喜爱美术，多年从事绘画、篆刻、摄影艺术创作。葫芦制作技艺，以针刺葫芦、砑花葫芦为主要创作方向。

2004 年作品《龙腾》在韩国富平区与中国辽宁葫芦岛举办的第三届国际友好文化艺术节展出。2007 年作品《十八应真造像》获 2007 年中国·葫芦岛第二届国际葫芦文化节葫芦工艺品最佳工艺一等奖。2009 年作品《钟馗夜巡图》获 2009 年中国·葫芦岛第三届国际葫芦文化节葫芦工艺品最佳工艺二等奖。2013 年作品《三顾茅庐》获 2013 年中国·葫芦岛第四届国际葫芦文化节葫芦工艺品最佳工艺二等奖。2014 年《刘玄德三顾草庐》获第三届辽宁(沈阳)工艺精品文化节传统手工艺类金奖，同时被辽宁省文化厅授予首批“十佳文化创意设计人才”。2014 年《蜀汉五虎上将图》《三顾草庐》《隆中求贤图》获中国天津第一届葫芦文化艺术节金、银、铜奖。2015 年《心经》获天津“老手艺新创意”第

吕戎滨葫芦工艺作品

三届中国葫芦大赛二等奖。2016 年《大慈大悲》获第七届中国·葫芦岛（龙港区）国际葫芦文化节雕刻类一等奖。

朱汉春，男，1953 年生人，原籍锦州，葫芦岛葫芦协会会员，辽宁省工艺美术协会会员，葫芦种植专家。朱汉春拥有 20 多年的葫芦种植经验，期间培育出几十余种的异形葫芦。2014 年朱汉春于葫芦山庄开始种植葫芦，其高超的种植方法使葫芦山庄的葫芦种植再上一个台阶。主要品种有大亚腰葫芦、瓢葫芦、苹果葫芦、长柄葫芦、佛手葫芦、莲花头葫芦、大阪葫芦、疙瘩葫芦等，并种植出多个超过一米长的葫芦，为葫芦中的稀有品相。

2007 年朱汉春拜辽宁省工艺美术大师赵莉为师，开始学习葫芦雕刻技艺，尤其善于雕刻关公。

刘国东，男，1974 年生人，葫芦岛市人。葫芦岛工艺美术师，中国工艺美术家协会会员，葫芦岛市葫芦协会理事，葫芦岛市龙港区志愿者协会副会长，原籍朝阳市建平县。刘国东自幼受到较好的艺术熏陶，曾在天津向国内一流葫芦艺术大师学习范制葫芦工艺。积极创办葫芦产业，大力开发葫芦艺术、葫芦应用等。对建平博爱学校和葫芦岛市特殊教育学校的聋哑学生免费进行葫芦工艺培训，使得不少学生依靠葫芦工艺获得了就

刘国东葫芦工艺作品

业。创办了葫芦食品企业——葫芦岛市葫仙特产有限公司，其所研制的葫芦粉已获得国家专利。

胡月余，男，1954 年生人，葫芦岛市人。葫芦岛葫芦协会会员，乌木雕刻工艺美术艺人。胡月余艺名胡六，从事木质、水泥等工艺品的雕刻，曾参与修复山海关姜女庙一尊掉色的五爷佛像，也曾雕塑包括酒神杜康、明朝将士像等多种雕塑。2008 年开始从事葫芦形乌木雕刻。古人云“纵有珠宝一箱，不如乌木一方”，乌木具有辟邪祈福、去味防腐的作用，多受藏友喜爱。葫芦形乌木，既有实用性，也有平安吉祥的寓意，具有独特的收藏价值。胡月余的乌木雕刻作品《福禄万代》被中国关东民俗博物馆收藏。

韩京洙，男，韩国人。2008 年 2 月，受葫芦山庄葫芦文化氛围的吸

彩绘葫芦人物

刀刻开光高山流瀑图大葫芦

刀刻开光松溪图大亚腰葫芦

刀刻人物肖像

韩京洙葫芦工艺作品

引，到葫芦山庄种植葫芦，在葫芦山庄学习和借鉴了中国的葫芦工艺，融合中韩两国的葫芦工艺特色，形成了个人独特的葫芦工艺技法。

第二节 葫芦文化之乡的美好愿景

葫芦岛市高度重视文化事业的发展和葫芦文化的传播弘扬，2016 年葫芦岛市政府工作报告中，明确提出要继续坚持发展文化创意经济的总体方向，并特别强调要“加快建设葫芦山庄文化创意产业园”，做大做强文化旅游支柱产业。

市委市政府认为，葫芦岛市地处关内外要冲，文化资源独特，历史底蕴丰厚，只有通过深入挖掘现代文化和历史文化资源，以新颖的文化创意展示葫芦岛市人文历史文化亮点，营造文化氛围，促进传统文化传承体系的建设，让世人感受葫芦岛深厚的文化历史和人文精神，才能最终实现建设文化强市的目标。

市委市政府关于加快全市文化事业发展的整体方向是：

一 理清发展思路，把握基础资源

确定正确发展方向，理清发展思路的前提是正确认识葫芦岛市既有的文化资源。因此葫芦岛市委市政府明确提出“博大精深的葫芦文化和原生态关东民俗文化及两个文化的集中体现——葫芦山庄景区是全市文化建设的宝贵资源”。强调葫芦岛市作为葫芦文化发祥地和关东文化代表地，要紧紧抓住这两条文化主线，以其为依托加快文化创意产业发展。

二 加快深度融合，实现有机结合

葫芦岛市委市政府认为文化的弘扬和旅游的发展密不可分，文化是旅游的灵魂，旅游是文化的载体，二者可以也应该做到有机结合，相得益彰。全市加快文化与旅游深度融合，侧重从四个方面入手，实现四个融合，即思想融合、资源融合、平台融合、产业融合。

三 加大宣传力度，扩大对外开放

葫芦岛市将着力开展文化旅游资源的宣传和推介，重点要加强品牌宣传，充分利用新闻媒体、文化交流、招商引资、外事活动等载体，扩大影响。科学整合政府、企业、社会等各类文化旅游资源，统一策划，统一包装，真正使文化旅游成为对外交流与合作的一张“名片”。特别要求葫芦山庄要重点做好对葫芦文化和关东民俗文化的宣传普及工作，让走进葫芦岛的游客能感受深厚的文化历史和人文精神；同时在全市抓好文化招商的基础上，要求葫芦山庄要发挥5000亩规划控制范围的空间优势，加强与国内外大型文化旅游企业的深入沟通，加强合作，吸引更多资本投资我市的文化旅游业。

四 健全市场体系，创新产业机制

葫芦岛市将充分发挥市场在文化旅游资源配置中的决定性作用，将通过有效的激励、保障机制进一步激活文化旅游市场，实现产业创新。要求葫芦山庄要集中精力抓好创意产业园区的规划建设，同时要在葫芦产业的延伸扩展提高方面下功夫，使葫芦文化真正给葫芦文化之乡的百姓带来福祉。

五 凝聚整体合力，促进产业发展

葫芦岛市将进一步强化对文化旅游事业的组织领导，齐抓共管，形成合力，优化环境，建立秩序，形成全市文化旅游事业发展的春天。

六 弘扬葫芦文化，发展葫芦产业

市委市政府通过对葫芦文化历史、现状和发展前景的分析研究，明确提出大力弘扬葫芦文化是葫芦岛市一项全局性、战略性举措，是全市文化建设永恒的主题。

（一）从全市的层面由市委市政府文化领导小组和相关部门牵头，加强对葫芦文化的理论研究，深刻理解其文化内涵。

（二）确定葫芦为葫芦岛市的代表性形象标识，形成宣传葫芦岛市特色文化的窗口。

（三）搞好葫芦种植基地建设和葫芦加工产业培育。建立适当规模的葫芦种植基地，大力培育和引进优良品种，大力培育葫芦工艺加工业。发展葫芦食品文化，大力开发独具特色的葫芦菜肴食品。大力发展葫芦产业，形成小葫芦、大产业的发展模式，使葫芦岛成为未来全国乃至世界葫芦工艺品的集散地。

（四）在葫芦文化节作为文化核心的基础上，丰富葫芦文化的艺术形式。建立一些“葫芦娃”小舞蹈队、小球队，建设“宝葫芦”儿童乐园，组建葫芦笙、葫芦丝主旋律乐队。定期组织葫芦文化题材的书法、绘画、工艺展览和竞赛。培养一批推进葫芦文化的生力军。

（五）以葫芦山庄为龙头，建立一些葫芦主题民俗村、观光葫芦种植园以及城市葫芦文化长廊等葫芦文化集中体验区。

葫芦岛市对弘扬葫芦文化、延伸发展葫芦产业有理性的思考，踏踏实实的组织领导。仅在2016年前七个月，葫芦岛市委书记、市长等领导同志就已数次来到葫芦山庄，具体考察指导葫芦文化和葫芦产业推进工作，葫芦山庄文旅集团董事长王国林也被推举为葫芦岛市旅游协会会长。可以说，高高飘扬的葫芦文化旗帜，已经成为葫芦文化之乡文化建设的核心标识。

后　记

绵延数千年的葫芦文化历久弥新，在中华文化的百花园中，它仿佛春天的柳，盎然而悠扬，婀娜的身姿引人无限遐想；又仿佛秋天的菊，娇柔而清美，幽远的芳香沁人心脾。

葫芦文化的魅力就是如此神奇，向往文化的初心就是如此不可抑止。2001年秋，正值地产、矿业等行业暴利轻取时，葫芦山庄建设在一片不解声中起步了。十六年来，在几代建设者的共同努力下，葫芦山庄从无到有，从小到大，昔日的沿海荒滩现已获得国家AAAA级旅游景区、国家文化产业示范基地等多项殊荣。

以葫芦山庄内中国葫芦文化博物馆、中国关东民俗博物馆和民国风情一条街的建立与完善为标志，葫芦岛市作为葫芦文化发祥地、关东民俗文化代表地和民国风情展示地的概念已经得到广泛认同。迄今为止，葫芦岛市依托葫芦山庄已成功举办七届“中国·葫芦岛国际葫芦文化节”，不仅使葫芦岛市和葫芦山庄的知名度大幅度、大范围提升，同时也直接推动了葫芦文化理论研究的不断深入和葫芦产业的高效发展。可以毫不夸张地说，葫芦文化的硕果——葫芦山庄现已成为文化旅游百花园中的一朵炫目之花。

虽然文化的寻根和财富的追求往往相背而行，然而这却是我们华夏民族数千年薪火相传之本。正是在拥抱文化的行进中，葫芦山庄建设者的心多了许多沉淀，找回了真正的自我。诚然我们永远不能彻悟无喜无悲、无欲无求的境界，但文化的寻根终使我们近了一步，我们的心胸开阔了许多，我们的心境开朗了许多，我们似乎少了一些不安与焦虑，我们精神的脊梁似乎能够挺直了。也许，这就是文化的魅力，也是葫芦山庄建设者超值的收获。

扈鲁先生提出编纂《葫芦文化丛书》后，作为葫芦文化的忠实探索者和传播者，葫芦山庄的建设者深感这是一件非常值得追随的文化盛事。《葫芦文化丛书·葫芦岛卷》的编纂过程，实质也是葫芦岛人、葫芦山庄建设者对葫芦文化再感悟、再学习、再宣传的过程。葫芦山庄大量萃取的葫芦文化元素在本书中得到了充分展示，其中，中国葫芦文化博物馆、中国关东民俗博物馆收藏的文化珍品，很多都是与读者首次见面。

本书从筹划、编纂到定稿历时六个多月时间。编纂组成员本着科学严谨的工作原则，查阅了大量的文献和历史资料，期间更得到了扈鲁先生、王京传先生、郝志刚先生的直接指导和帮助；得到了中共葫芦岛市委、市政府、市委宣传部和中共葫芦岛市龙港区委、龙港区政府以及市区两级相关部门的大力支持；得到了葫芦岛市社会各界葫芦文化爱好者、葫芦工艺大家、摄影艺术家的倾心帮助。在此谨对为《葫芦文化丛书·葫芦岛卷》做出奉献的所有朋友表示真挚的感谢。

由于资料不足和编纂人员力量有限，疏漏不当之处在所难免，恳请各界人士指正、赐教。

绵延数千年的葫芦文化是我们生生不息的纽带，福禄与我们同存。让我们共同砥砺前行，再铸辉煌！

2018 年 6 月